Dark Horse Innovation
Thank God it's Monday!

Dark Horse Innovation

THANK GOD IT'S MON DAY!

Wie wir die Arbeitswelt revolutionieren

Econ

Dark Horse Innovation
Jeong Hong Oh, Monika Frech, Patrick Kenzler, Christian Beinke,
Sascha Wolff, Dominik Kenzler, Diemut Bartl, Friedrich Große Dunker,
Lisa Zoth, Ludwig Kannicht, Greta Konrad, Pascal Gemmer, Daniela Keizer,
Jasper Hugo Grote, Manuel Ott, Ioana Petrescu,
Mia Konew, Christiane Frey, Isabel Gärtner, Sarah Weinknecht, Raul Kraut-
hausen, Jana Lèv, Lisa Kroll, Johannes Meyer, Lyn Schulz, Moritz Gekeler,
Lars Straehler-Pohl, Toni Grütze, Björn Wisnewski, Claudio Rimmele,
Christin Menzel.

Text
Monika Frech, Christian Beinke, Greta Konrad
Art Direction
Dominik Kenzler & Henriette Rietz
Illustration
Henriette Rietz

3. Auflage 2016

Econ ist ein Verlag der Ullstein Buchverlage GmbH

ISBN: 978-3-430-20171-1

Gesetzt aus der Aldus Nova pro
Satz: Pinkuin Satz und Datentechnik, Berlin
Druck und Bindearbeiten: CPI Books GmbH, Leck
Printed in Germany

Inhaltsverzeichnis

TOP, DIE WETTE GILT?

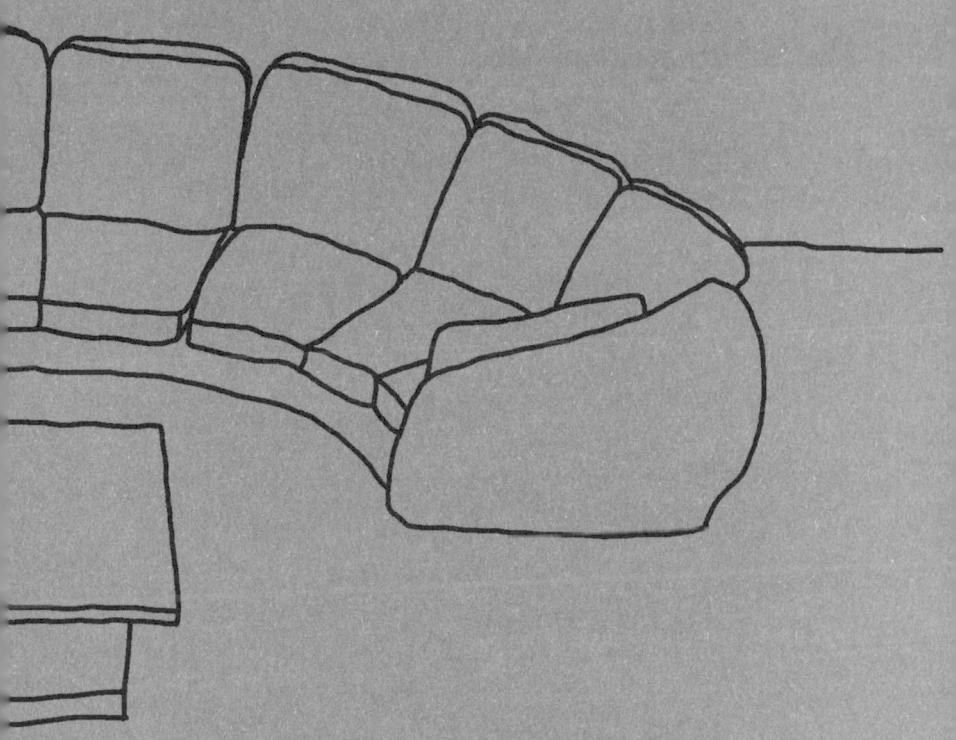

m britischen Pferdesport ist ein Dark Horse ein unscheinbares, junges Pferd, das überraschend ein großes Rennen gewinnt. Mit dem Pferd gewinnen auch all diejenigen, die mutig genug waren, auf das unbekannte Dark Horse zu setzen.

Vor ungefähr fünf Jahren waren auch wir ein Haufen junger Hoffnungsträger, die vor dem Start zum Rennen namens Berufsleben ungeduldig mit den Hufen scharrten. Eigentlich hatten wir uns durch Auslandsaufenthalte und Aufbaustudien, Praktika und Projekte hochtrainiert, um rechtzeitig topfit zu sein. Durch unsere Jobs bei globalen Konzernen, lokalen Mittelständlern und urbanen Agenturen hatten wir viel gelernt und uns oft gewundert. Die Zügel, die wir uns für den klassischen Karrieretrack hätten anlegen lassen müssen, zwickten und kratzten uns ordentlich. Wir waren angetreten, um spannende Ideen und uns selbst zu entwickeln, mussten aber einen Großteil unserer Energie in akkurate Bürostrukturen, taktische Abwehrmanöver gegen sogenannte Kollegen und Schauläufe vor den Chefs investieren. Wir hatten wenig Lust, uns von nun an auf vorgegebenen Lebenslaufbahnen die Sporen geben zu lassen, um gegeneinander im Kreis zu sprinten. Während unser Enthusiasmus und unsere Einfälle auf der Strecke blieben, stolzierte der Status quo, hochdekoriert mit immer neuen Buzzwords, die man zu verstehen und zu erfüllen hatte, vor den staunenden Rängen auf und ab. Außerhalb des Rennzirkus sammelten wir mit Laptop, W-Lan und Latte macchiato berufliche Erfahrungen als Freelancer. Allerdings waren wir für den Habitus des Hipsters, der das Prekäre zum Lifestyle erklärte, nicht ironisch-distanziert genug gegenüber klassischen Werten wie warmen Mahlzeiten und Freundschaft. Wir spürten, dass wir alleine nicht so recht von der Stelle kamen und flächendeckende Breitbandverbindungen uns noch keine tiefgehenden Bindungen ermöglichten.

Also zäumten wir das Pferd kurzerhand von hinten auf. Weil die verfügbare Arbeit nicht unseren Erwartungen entsprach und wir jung und naiv waren, änderten wir nicht unsere Erwartungen, sondern schickten uns an, die Arbeit zu ändern. Wir gründeten eine Firma, in der wir so flexibel, kooperativ und kreativ arbeiten konnten, wie wir uns das wünschten. Die Frage war nur: Würde da draußen auch jemand auf unser Dark Horse setzen?

UNS IST LÄNGST KLAR,
DASS NICHTS BLEIBT,
WIE ES WAR

Ordnung und frühes Leid

Wir – das sind 30 Akademiker, alle etwa 30 Jahre alt. Als wir geboren wurden, war Helmut Kohl Bundeskanzler und Erich Honnecker Vorsitzender des Staatsrates der DDR. Wir kamen in die Schule, und aus zwei Deutschländern wurde eins, Helmut Kohl war immer noch Kanzler. Während unserer Jugend in den 90er Jahren wurden um uns herum die Staaten und die Bildschirme kleiner und die Marken und Möglichkeiten größer. Just do it – plötzlich konnten alle alles kaufen und überallhin reisen, und wer nicht mithalten konnte, war vermutlich selber schuld. Die Geschichte war zu Ende und die Vollbeschäftigung auch, die gesellschaftliche Anstrengung verlagerte sich auf das Spaßhaben.

Mit den neuen Ländern kamen die neuen Medien. Das Fernsehen wurde privat und zeigte die echte, grell geschminkte »reality«. In unseren Taschen piepsten Gameboys, Tamagotchis und bald die ersten Handys. An den Computern unserer Eltern schrillten die Modems, und es öffneten sich ständig neue Möglichkeitsfenster. Wir wechselten auf weiterführende Schulen, Helmut Kohl führte derweil weiter das Land. Einige unserer Klassenkameraden entdeckten Techno und tanzten voller Liebe und mit Synthetik am und im Körper durch Berlin. Andere trugen ihre Hosen in den Kniekehlen, ihre Skateboards unterm Arm und machten deutschen Sprechgesang populär. Die meisten von uns hatten jedoch noch keinen eigenen Geschmack und jubelten Boybands und Girlgroups zu, deren sorgfältig gecastete Mitglieder sich zwar immer synchron bewegten, aber gerade ausreichend unterschiedlich waren, dass für jeden und jede ein Star zum Ausschneiden dabei war.

In der Oberstufe wurde Herr Kohl von Herrn Schröder abgelöst und brachte mit seinem Projekt Rot-Grün frischen Wind in die Politiklandschaft. Noch bevor wir sie so richtig bemerkt hatten, war die

»new economy« auch schon wieder geplatzt. Durch Nebenjobs, Ferienpraktika und Schüleraustausche sammelten wir erste Erfahrungen in den unterschiedlichsten Bereichen, erfuhren jedoch kurz vor dem Abitur durch die PISA-Studie, dass wir eigentlich nichts wussten. Am 11. September 2001 fiel mit dem World Trade Center auch unsere bisherige Weltordnung in sich zusammen. Gemeinsam mit unseren friedensbewegten Eltern gingen wir gegen den Irakkrieg auf die Straße. Der Krieg wurde trotzdem geführt, und viele von uns verloren den Glauben an die Politik. Auch andere ferne Winkel der Welt rückten immer näher, buchstäblich, weil ein Großteil unserer Kleidung aus Schwellenländern kam.

Währenddessen wurde eine einheitliche europäische Währung eingeführt, und weil immer mehr Billigflieger zwischen Provinzflughäfen hin und her flogen, konnten wir den neuen Euro auch überall ausgeben. Wir work-und-travelten und city-trippten uns durch die Welt, immer begleitet von einem latent schlechten Gewissen, weil wir mit unserem kulturellen Horizont auch gleichzeitig unseren ökologischen Fußabdruck vergrößerten. Denn auch das Klima war längst in der Krise. Während wir studierten, wurde die Musik zunehmend elektronisch, zumindest was das Format anging. Mit dem iPod hielten MP3s und damit eine unhörbare Vielfalt Einzug in unsere Hosentaschen. Wir gingen nicht länger ins Internet, weil es sowieso überall war und sich in seiner Version 2.0 zu unserem sozialen Netzwerk entwickelt hatte. Gegen Ende unseres Studiums wurden Nerds salonfähig, und die digitale Bohème bevölkerte die Cafés. Statt stundenlanger Kino-Epen schauten wir 90-Sekunden-Videos, Primetime war ab jetzt, wann es uns am besten passte. Kurz bevor wir unseren Abschluss machten, ging in Amerika eine Großbank unter und löste einen Strudel aus, der bald andere Banken, ganze Länder und das Vertrauen ins bisherige Finanzsystem mit sich riss.

Wir – die Kohorte, die seit einigen Jahren ins Berufsleben startet, werden als Generation Y bezeichnet. Generation Ypsilon, weil wir nach der Generation X geboren wurden und uns bisher anscheinend nicht viel mehr auszeichnet. 25 Jahre nach dem Mauerfall sind Kommunismus und Kapitalismus keine realexistierenden Ideologien für uns. In unserer Kindheit und Jugend haben wir andauernde, politische Stabilität und rapiden, radikalen Wandel erfahren. Wir lernten früh, uns am besten nur auf unsere eigenen Fähigkeiten und unsere Freunde zu verlassen. Wir sind gut ausgebildet, weit gereist, vielsprachig, praktisch erfahren und vielseitig vernetzt. Wir wissen, dass unser Leben dank neuer Technologien, Ideen und Verbindungen schon morgen ganz anders sein kann. Wir haben den Zusammenbruch des Ostblocks und die Krisen des Westens erlebt.

Während wir erwachsen wurden, haben sich Grenzen aufgelöst und verschoben, äußere wie innere. Die Ausläufer der kulturellen Revolutionen spülten vermeintliche Randgruppen und -ansichten in die Mitte der Gesellschaft. Einige fanden das anstrengend. Wir fanden, das ist auch gut so. Die Globalisierung ist mit uns gewachsen. Sie hat uns Fernost näher gebracht, und Yoga und attac haben uns dafür sensibilisiert, dass alles irgendwie mit allem zusammenhängt. Vernetzung ist ohnehin unser großes Thema. Das Internet ist für uns kein »Neuland«. Die Mechanismen des freien sozialen Austauschs sind für uns nicht Avantgarde, sondern bestimmen, wie wir denken, leben arbeiten – online und offline. Die Pawlow'sche Reaktion auf Piepser von Videospielen, SMS und instant messaging hat uns auf sofortiges Feedback zu allem, was wir tun, konditioniert. Wir gelten als konformistisch und angepasst und gleichzeitig als individualistisch und ichverliebt. Smartphones sind zum Symbol dafür geworden: Alle tragen wir identische Telefone in der Tasche, und doch nutzt jeder andere Apps und individualisiert sich seinen Bildschirmhintergrund mit eigenen Fotos. Wir nutzen unsere Handys, um ständig mit unseren Freunden in Kontakt zu bleiben und um uns selbst mit Selfies und

Statusupdates in Szene zu setzen. Unsere wohlmeinenden Wohl-standseltern haben uns früh beigebracht, dass wir ausnahmslos alle ganz besonders sind. Heute bedauern sie uns, weil wir es niemals so gut haben werden wie sie, und wundern sich, warum wir uns so we-nig darüber empören. Wir jungen Spießer lassen es uns einstweilen im Hier und Heute gutgehen, gerne bei fair gehandeltem Kaffee und selbstgebackenem Kuchen. Unsere liberalen Eltern haben gegen ihre eigenen Eltern rebelliert und uns so erzogen, dass wir heute keinen Grund sehen, gegen sie zu rebellieren. Im Großen und Ganzen finden wir sie und uns ganz gelungen.

Die Megatrends Globalisierung und Digitalisierung ziehen sich durch unser junges Leben. Sie bringen uns näher zusammen und schärfen gleichzeitig den Blick für unsere Eigenarten. Sie beschleunigen die Verteilung von Waren, Ideen und Menschen. Für die Generation Y ist diese Situation weder neu noch bedrohlich. Wir wissen, dass sich Probleme nicht einfach vor der eigenen Haustür lösen lassen und man trotzdem irgendwo damit anfangen muss. Unsere Lebenswelt ist auf einem stabilen Fundament aus Gegensätzen aufgebaut: Wir setzen voll auf individuelle Selbstbestimmung und wollen gleich-zeitig immer kooperieren und uns vernetzen. Wir sind idealistische Pragmatiker. Wir machen es uns mit dem, was wir haben, gemütlich, und können nicht genug kriegen von Updates, Wandel und Verände-rung. Das größte Paradox von allen ist vermutlich, dass uns das alles nicht besonders paradox vorkommt – schließlich war schon immer alles anders.

Der Soziologe Klaus Dörre[1] attestierte der Generation Y im Interview mit Deutschlandradio Kultur eine tiefe Spaltung entlang sozialer Wirklichkeiten: Einerseits gäbe es die gut Ausgebildeten, denen dank demographischem Wandel schnelle Aufstiegschancen winken und auf der anderen Seite die weniger Qualifizierten, die selten den

---

1 www.bit.ly/1pmsMHo, (09.07.2014).

Absprung aus unsicherer oder keiner Beschäftigung schaffen. Auch aktuelle Studien des Organisationspsychologen Peter Kruse[2] zeigen, dass die Generation Y so gespalten ist wie keine Generation vor ihr. Jenseits der sozialen Unterschiede teilt sich die Wertehaltung in radikales Autonomiestreben und konsequenten Rückzug. Es ist genau dieses Paradox, das unser Lebensgefühl ausmacht: Wir wollen Sicherheit und Selbstverwirklichung, nicht entweder oder. Weil die bestehenden Strukturen aber genau das kaum zulassen, entscheiden sich viele notgedrungen für das eine oder andere. Zumindest vorerst. Diejenigen von uns, die privilegiert genug waren, behütet aufzuwachsen und später gute Ausbildungen und Abschlüsse zu machen, probieren heute Formen aus, in denen sich diese beiden Pole vereinbaren lassen. Diese Gruppe macht bislang nur einen kleinen Teil der ganzen Generation aus, lebt hauptsächlich in Großstädten und arbeitet in hochqualifizierten Berufen. Ähnlich wie bei »den« 68ern, prägen diese Y-ler die Kultur der Kohorte, obwohl sie rein zahlenmäßig noch in der Minderheit sind.

Die Freitagswelt

Unser Leben unterscheidet sich fundamental von dem unserer Großeltern – außer bei der Arbeit. Schreibmaschinen wurden durch Computer ersetzt, die Rohrpost heißt jetzt E-Mail, und ein paar Frauen sind von den Vorzimmern in die Eckbüros aufgestiegen. Strukturell aber sind viele Unternehmen irgendwo im 20. Jahrhundert steckengeblieben. Damals brachte das industrielle Zeitalter beispiellosen materiellen Wohlstand für immer größere Teile der (bundes-) deutschen Bevölkerung. Der Preis für die vielen preiswerten Waren war die Arbeit, die nötig war, sie herzustellen. Um sich die tollen Konsumgüter leisten zu können, musste die proletarische Klasse entfremdete Arbeit an Fließbändern und Discounterkassen leisten. Von ihrem ätzenden Arbeitsalltag waren die Menschen so entkräftet

---

2 www.bit.ly/1tiEoyU, (28.07.2014).

und entmutigt, dass sie sich nach Feierabend viele ablenkende, aufpäppelnde Waren kaufen mussten. Sie erstritten die 38-Stunden-Woche, sechs Wochen Jahresurlaub und den einfachen Übergang in die Frührente für eine ausgewogene Balance aus schönem »life« und unangenehmer »work«. Die Mächtigen ließen sich bereitwillig darauf ein, weil die Menschen so auch mehr Zeit hatten, mehr zu konsumieren. Arbeit, das war ein notwendiges Übel, um in der anderen, der freien Zeit auskömmlich leben zu können. Thank God it's Friday. So weit, so Marx.

Im letzten Drittel des letzten Jahrhunderts gab es allerdings immer weniger dieser schwer-industriellen Arbeit in Deutschland. Das lag teilweise an versiegenden Rohstoffen und teilweise daran, dass besonders die stupidesten, schädlichsten Tätigkeiten von Maschinen oder Proletariern anderer Ländern übernommen wurden. Durch Automatisierung und Outsourcing ließen sich noch mehr Waren noch günstiger herstellen. Die Masse freute sich zwar über die billigen Konsumprodukte, nicht aber darüber, dass sie plötzlich von Arbeitslosigkeit bedroht war. Die Arbeitgeber verwiesen bedauernd auf Standortfaktoren und Sachzwänge und machten es sich einstweilen in ihrer Machtposition gemütlich. Wer Arbeit hatte, war relativ gut umsorgt, weil fürsorgliche Konzerne und Verwaltungen allerlei prestigeträchtige Annehmlichkeiten wie ergonomische Bürostühle, Dienstwagen und geldwerte Vorteile bereithielten.

Die Wertschöpfung in Westeuropa verlagerte sich zunehmend in den »dritten« Sektor: Herzlich willkommen in der Dienstleistungsgesellschaft. Mehr und mehr Menschen verdienten ihr Geld mit Tätigkeiten am Menschen. Arbeit also, die eben nicht woanders oder durch Roboter erledigt werden konnte. Viele litten darunter, dass sie durch diese Arbeit selbst zu Robotern wurden, weil auch das Zwischenmenschliche zunehmend gesteuert, qualitätskontrolliert oder gleich ganz wegrationalisiert wurde. Viele Arbeitnehmer litten leise und lächelten bereitwillig weiter. Arbeit war schließlich ein

ARBEIT WAR, WENN DER CHEF
SCHWEISS UND TRÄNEN SEHEN,
HÖREN UND RIECHEN KONNTE.

knappes Gut, das es zu schützen galt. Denn gleichzeitig entwickelte sich Arbeit vom notwendigen Übel zum Statussymbol[3], aus abhängig Beschäftigten wurden Workaholics, Beschäftigte, die von ihrer Arbeit abhängig waren. Der schnelle Aufstieg vom Sachbearbeiter zum Manager galt als ultimatives Ziel – wer nicht mehr Sachen bearbeitete, sondern Menschen managte, hatte es geschafft. Die Abstände zwischen den einzelnen Stufen auf der Karriereleiter wurden durch die Anzahl der Angestellten bemessen. Der Weg nach oben führte über die Profilierung vor dem eigenen Chef und im Zweifel über Leichen. Weil die Chefs selbst diesen Weg gegangen waren, misstrauten sie ihren Untergebenen zutiefst und sahen es als ihre ureigene Aufgabe an, sie zu überwachen und gleichzeitig möglichst nah an sich zu binden. Arbeit war, wenn der Chef Schweiß und Tränen sehen, hören und riechen konnte. Das ständige Messen von Anwesenheit und Produktivität erforderte immer neue, immer ausgefuchstere Mechanismen und Manager, die in immer feingliedrigeren Funktionseinheiten ihre Teams motivierten. Organigramme fächerten sich immer weiter auf, und oft saß der größte Feind im eigenen Haus.

Schließlich wetteiferten alle Abteilungsleiter um die raren, oberen Plätze auf der Karriereleiter. Die vielen Vorurteile und Vorschriften der Chefs gegenüber ihren Mitarbeitern führten dazu, dass diese ihre Arbeit genau nach Vorschrift durchführten, nicht mehr und nicht weniger. Arbeit muss sein, aber innerlich konnte man immerhin kündigen und sich schon morgens auf den Feierabend und montags aufs Wochenende freuen. Thank God it's Friday.

---

3 In seiner Dokumentation »Frohes Schaffen« stellt Konstantin Faigle die These auf, dass »Arbeit« in unserer Gesellschaft den Platz der Religion eingenommen hat. www.bit.ly/1rTC2EQ , (29.07.2014).

Die Generation Y: Duschen, ohne nass zu werden

Auf diese Freitagswelt, in der Arbeit unbedingt zu halten und gleichzeitig zu vermeiden ist, trifft nun die Generation Y. Und die reibt sich staunend die Augen. Selbstbestimmung, Kooperation und Wandel – für die Generation Y selbstverständlicher Teil der Lebenswelt – sind in der Arbeitswelt weit weniger verbreitet. In unserem außerbetrieblichen Alltag nutzen wir digitale Werkzeuge zur Selbstdarstellung und Vernetzung, im Berufsleben ermächtigen sie höchstens Manager, uns immer und überall erreichen oder sogar überwachen zu können. Globalisierung, die wir als Reisefreiheit kennen und als Ausbeutung von Arbeitern im gar nicht mehr so fernen Osten kritisieren, taucht im Job plötzlich als Beschränkung der Handlungsfreiheit auf, weil hinter jeder Ecke das Schreckgespenst Outsourcing lauert. Es scheint, als wäre in die Drehtüren vor modernen Arbeitsstätten eine Zeitmaschine eingebaut.

Statt Individualität wird im Berufsleben erwartet, routiniert zu performen. Support ist eine Abteilung, die meist nur telefonisch zu erreichen ist, ansonsten bestimmt Konkurrenz den Arbeitsalltag. Sinn ergibt, was vorher als sinnvoll festgelegt wurde – im Zweifel ist es das, was der Chef sagt. Wer oder was sich schnell verändert, gilt als sprunghaft und unzuverlässig. Prozesse laufen linear ab. Wer A sagt, muss auch Z wie zaudern sagen. Konformität, Konkurrenz und Kontinuität bestimmen den Arbeitsalltag. In Tabellen wird dem Chef am Ende der Woche vorgelegt, was man geschafft hat und wie lange man dafür geschafft hat, mitsamt der Erklärung, warum dies so war, zum Beispiel dass der Drucker streikte.

Das Angebot an Arbeit, wie Absolventen sie sich wünschen, hinkt bislang stark hinter der Nachfrage her. Das frustriert nicht nur die jungen Wissensarbeiter, sondern auch traditionelle Arbeitgeber. Diese verzweifeln an den vermeintlich hohen Ansprüchen des Nachwuches, der ihre gemeinschaftliche Fürsorge als Konformitätsdruck und Kontrollwahn auslegt. Strenge Strukturen, Silodenken und Meeting-Marathons empfinden wir als Zumutung und Zeitverschwendung. Die Aussicht auf ein komplettes Arbeitsleben in ein und demselben Konzern ist für uns Absolventen eher Alb- als Lebenstraum. Wir wollen unser Leben nicht in einem System verbringen, das von unseren Eltern geschaffen wurde. Hochglänzende Visitenkarten und Titel sind für uns kein Argument, vorgefertigte Berufswege anzunehmen. Wir sind nicht bereit, unsere Identität an der Pforte gegen ein Berufsbild einzutauschen. Klar wollen wir Karriere machen, aber welche, das wissen wir doch jetzt noch nicht! Wir wollen uns weiterentwickeln, dazulernen, projektbasiert und parallel arbeiten. Natürlich wollen wir 20- bis 30-Jährigen auch heute noch Geld verdienen und finanzielle Sicherheit, aber eben nicht nur und nicht um jeden Preis. Arbeitgeber, die im globalen Wettbewerb um die klügsten Köpfe mithalten wollen, müssen ihrem Nachwuchs heute mehr bieten als Dienstwagen und Betriebsrente.

Konzerne, Mittelständler und Verwaltungen haben das erkannt und begonnen, Diversity, die Balance zwischen »work« und »life«, sowie eine politisch korrekte Prozentzahl von Frauen in entscheidenden Gremien einzuführen. Vielfach werden mit solchen Programmen jedoch Symptome bekämpft, während hinter verschlossenen Türen die alten Seilschaften und Mechanismen weiterwirken. Echte Diversity zeigt sich nicht an Menschen, die irgendwie anders aussehen, sondern daran, auch Partner mit anderen Vorstellungen und Werten als Gesprächspartner ernst zu nehmen und nach einer gemeinsamen Basis zu suchen. Das stahlharte Gehäuse bekommt lediglich einen neuen Anstrich. Der Frust wird im Zweifel größer, weil sich Missstände mit schönen Namen schwerer kritisieren lassen. Die Länge des eigenen Urlaubs selber zu bestimmen, wie bei einigen großen Unternehmen ab einer gewissen Managementebene üblich, führt häufig dazu, dass gar kein Urlaub mehr gemacht wird, weil die alten informellen Karriereregeln immer noch gelten.

Deshalb versprechen Agenturen und Beratungen den Nachwuchs-kräften Selbstverwirklichung außerhalb strenger Strukturen und den schnellen Aufstieg vom Junior zum Senior bis hin zum Managing Director. Aber viele Berufsanfänger durchschauen dieses Angebot als Selbstausbeutungstrick mit Burn-out-Garantie. Tischkicker und ein Kühlschrank voll mit der neusten In-Limo reichen nicht länger aus als Ausgleich zu prekären Arbeitsverhältnissen und ober-flächlichen Aufträgen. »Irgendwas mit Medien« machen sowieso alle und Kunstprojekte gab es schon im Kindergarten – wir wollen Arbeit, die dauerhaft Spaß macht und Sinn ergibt. Wir wollen jedoch nicht nur frei sein, die Arbeit zu machen, die uns inhaltlich zusagt, sondern auch frei von existentiellen Sorgen sein. Wir wissen, dass der schnelle Aufstieg in Start-ups – wenn überhaupt – nur für die ein bis zwei Gründer Realität wird. Wir wissen, dass viele Freiberufler oft frei von Arbeit und Einkommen sind und Aufträge unter ihrem Niveau annehmen müssen. Wir wissen, dass viele, die in den Co-Working Spaces und Cafés über ihr neues Projekt reden, tatsäch-lich noch bei ihren Eltern wohnen und sich ihre prekäre Situation mit Koffeinbrause schöntrinken. Weil wir Berufseinsteiger schon so lange Selbstoptimierungsprofis sind, wissen wir, dass das Selbst nicht durch quantitativ mehr Arbeit, sondern durch qualitativ bessere Arbeit wächst.

Die Generation Y will Entscheidungen treffen, ohne damit alleine dazustehen. Wir wollen uns und unsere Fähigkeiten voll einbringen und erweitern und gleichzeitig jeden Tag überrascht werden. Wir wollen unsere Zeit mit vertrauten Freunden verbringen und trotz-dem laufend neue, spannende Leute treffen. Wir wollen Wandel und Stabilität, die Freiheit zu scheitern und Erfolg, Autonomie und Gemeinschaft. Wir wollen Selbstverwirklichung, ohne zum Einzel-kämpfer zu werden, Gemeinschaft ohne Gängelung, und dann wollen wir auch noch Geld damit verdienen. Wir wollen alles.
Spinnen die?

Wer innovativ sein will, muss auch etwas anders machen

Als wir, 30 befreundete Absolventen und allesamt Mitglieder der Generation Y, im Jahr 2009 zusammen unsere Firma Dark Horse gründeten, war genau das der Tenor: Ihr spinnt! Ehemalige Kollegen rieten uns davon ab, mit so vielen Personen etwas anzugehen und schon gar keine Firma. Wer sollte bei so einer großen Gruppe gleichberechtigter Gründer wichtige Entscheidungen treffen? Im besten Fall würden wir uns verzetteln, im schlechtesten enden wie die Kommunenexperimente der 70er Jahre. Freunde warnten uns davor, mit Freunden zu arbeiten. Wir würden uns doch nur streiten, und dann wäre nicht nur der Job, sondern auch der Freundeskreis futsch. Unsere Eltern hofften, das wäre mal wieder eine unserer Phasen, die vorübergehen würde – wie bauchfreie Tops und Harry Potter –, und rieten uns davon ab, uns überhaupt selbständig zu machen. Womit wollten wir Geld verdienen? Da hatten wir schon jahrelang studiert, und jetzt das. Zu dem Zeitpunkt hatten wir auf all die Fragen noch keine konkreten Antworten. Aber wir wussten, dass wir gemeinsam sinnvolle Produkte und Dienstleistungen in die Welt bringen wollten und dass die Strukturen, in denen wir bisher als Arbeitnehmer und Freelancer gearbeitet hatten, uns dies sehr schwermachen würden. Kennengelernt hatten wir uns und einen Arbeitsansatz, der uns dafür geeignet schien, an der Hasso Plattner School of Design Thinking an der Universität Potsdam.

Die sogenannte d.school bietet für fortgeschrittene Studierende parallel zu deren Studium ein einjähriges Aufbaustudium in Design Thinking an. Design Thinking ist ein Innovationsansatz, bei dem Nicht-Designer wie Designer denken und handeln: nutzerzentriert, in interdisziplinären Teams und iterativ. In einem zweitägigen Assessment Center, dem sogenannten »Bootcamp«, wurden aus 100 Bewerbern für das brandneue Studium 40 ausgewählt. Wir gehörten zu den Glücklichen und durften ein Jahr lang jeden Dienstag und Freitag unweit des schönen Griebnitzsees in Potsdam

Babelsberg verbringen. Diese Uni war anders als alle, die wir bisher von innen gesehen hatten – und bei 40 Studierenden aus fast ebenso vielen Fachrichtungen waren das einige. Die d.school glich eher einem Kindergarten: Es gab einen großen Raum mit riesigen Fenstern, in dem rote Sofas, abwischbare Whiteboards und Stehtische verteilt waren. Alle Möbel waren auf Rollen und ließen sich einfach verschieben. In einem Vorraum gab es Boxen, die mit bunten Haftnotizen, Stiften, Knete, Styropor, allerlei anderem Bastelmaterial, Krimskrams und sogar Perücken gefüllt waren. Die Atmosphäre war locker und familiär, die Dozenten hießen hier Coaches, und wir durften sie mit Vornamen ansprechen. An der d.school gab es auch keine Vorlesungen, Tutorien oder Seminare.

Jeder Tag begann mit einem Warm-up, einer gemeinsamen spielerischen Übung, und endete mit einer Feedbackrunde. So etwas hatten wir seither nur bei unseren Hobbys und unter Freunden erlebt, in einer Bildungseinrichtung oder gar an einem Arbeitsplatz war uns diese Arbeitskultur noch nicht begegnet.

Besonders anders war, dass wir fast von Anfang an »richtige« Probleme lösen durften, für jedes Projekt gab es einen echten Auftraggeber, der neue Impulse und Ideen für sein Unternehmen oder Institut erwartete.

Im Laufe unseres Jahres an der d.school wurden unsere Projekte immer länger und die Aufgaben immer komplexer. Nach jedem Projekt gab es eine interne Präsentation, anschließend wechselten die Teamzusammensetzung und die Coaches. So lernten wir alle von- und miteinander. In einer feierlichen Abschlussveranstaltung zeigten wir unsere Innovationen den Projektpartnern, unseren Freunden und Kommilitonen und erhielten unsere Abschlusszertifikate. Aus 40 unterschiedlichen Studierenden waren Design Thinker und gute Freunde geworden.

Und nun? Einige von uns schrieben an ihren Abschlussarbeiten, andere suchten sich einen Job und freuten sich darauf, Design Thinking in der Praxis anwenden zu können. Das jedoch erwies sich als schwieriger als gedacht. Bei vielen Arbeitgebern kamen wir als Berufseinsteiger gar nicht so weit, Projekte aktiv gestalten zu dürfen. Bei einigen Chefs konnten wir zwar Ideen auf bunten Post-its notieren oder ein Whiteboard in unserem Büro aufhängen, abseits dieser kosmetischen Maßnahmen blieb unser Gestaltungsspielraum aber begrenzt. Einige von uns hatten großes Glück und durften bei ihren Jobs tatsächlich Design-Thinking Projekte durchführen. Oder zumindest das, was das Management dafür hielt. In vielen Organisationen wurde Design Thinking auf ein reines Prozessmodell reduziert. In diesen Unternehmen galt der Ansatz als eine Art Innovationsmaschine, bei der man »lediglich« die richtigen Schritte nacheinander durchlaufen musste, um am Ende mit einem marktfertigen Produkt belohnt zu werden. Besonders bitter waren für uns sogenannte Kreativprojekte, bei denen es nicht um die Entwicklung neuer Ideen ging, sondern darum, die Konzepte, die bei den Entscheidungsträgern längst in der Schublade lagen, zu legitimieren. Oder das Management hatte beschlossen, dass die Firma jetzt kreativer und innovativ werden soll, und wir wurden als ulkige Bastelhansel mit bunten Haftnotizen auf die Mitarbeiter losgelassen, die nur froh waren, mal einen Tag lang den Arbeitstrott hinter sich zu lassen, um am nächsten Tag völlig unverändert weiterzuarbeiten. Einfach mal ein bisschen »Kreativtainment«, und alles ist wieder gut.

Dabei hatten wir eigentlich mit Design Thinking einen Ansatz kennengelernt, der perfekt zu unserer Art zu denken und handeln passte: vernetzt, mit Spaß, sinnvoll, mehr Sein als Schein. Wir stellten fest, dass diese Denkweise in der Arbeitswelt noch keinen Platz hatte. Arbeit war hierarchisch, linear – und der Ernst des Lebens. Es hätte so schön sein können.

Abends und an den Wochenenden trafen wir uns in Kneipen, Parks und an den Küchentischen unserer WGs. Unsere Gespräche drehten sich um unsere letzte Reise oder Liebschaft, aber auch immer wieder um Ideen für bessere Produkte und Dienstleistungen. Wir kritzelten bunte Zettel mit unseren Einfällen voll und bauten Mini-Prototypen aus allem, was um uns herumlag. All unsere kreative Energie floss in dieser Zeit in Nebenprojekte. In unseren Jobs waren wir zunehmend frustriert. Bei einem unserer Kneipenabende hörte ein Bekannter uns Ideen spinnen und fragte, ob wir ihm nicht helfen könnten. Er wolle seinen kleinen Bioladen im Kiez gerne erweitern, wusste aber nicht so recht wie. Begeistert willigten wir ein, und er fragte, was unsere Dienstleistung denn kosten würde. Das fragten wir uns auch. Wir hatten unseren ersten Auftrag – damals noch als GbR ohne Namen –, und der Bioladen bot bald einen hausgemachten Mittags-tisch an, der progressiven Hipstern und alteingesessenen Berlinern gleichermaßen schmeckte.

Nach dieser ersten Anfrage kamen weitere, und im Winter 2009 entschlossen wir uns, ins kalte Wasser zu springen und aus unserem gemeinsamen Hobby unsere gemeinsame Firma zu machen. Außer unserer Kreativität hatten wir anfangs nichts. Nun mussten wir ver-suchen, eine Struktur, die man Unternehmen nennen kann, um diese wilde Gruppe herum zu schaffen. Wir hatten zwar keine Ahnung, aber große Pläne und waren zum Glück naiv genug, diese in die Tat umzusetzen. Wir wollten sinnvolle Produkte und Dienstleistungen entwickeln und so arbeiten, wie wir schon lebten: maximal flexibel, kooperativ und immer wieder anders. Von nun an wollten wir mit dem, was wir bisher nur am Feierabend und am Wochenende tun konnten, Geld verdienen.

Und so begann für uns ein Experiment, das bis heute Bestand hat und noch lange nicht fertig ist. Wir haben Dark Horse als 30 Freunde gegründet. Heute sind wir immer noch zu dreißigst und immer noch befreundet. Wir organisieren uns komplett hierarchiefrei und kommen trotzdem effizient und schnell zu Ergebnissen. Wir haben Experten für so ziemlich jedes Fachgebiet und vergeben Projekte trotzdem auch an Kollegen, die nichts über ein Thema wissen. Bei uns gibt es einen internen Preis für die größten Fehler, und gleichzeitig verwenden wir extrem viel Zeit darauf, keine zu machen. Wir können arbeiten, wann und wo wir wollen, und treffen uns trotzdem gerne zu festen Zeiten in unserem Büro. Unsere Arbeitstage sind oft lang – unsere Urlaube auch. Viele von uns haben seit unserer Gründung bei anderen Arbeitgebern gearbeitet, und trotzdem ist unsere Fluktuation sehr niedrig. Wir bezahlen uns alle gleich und trotzdem fair. Arbeit ist für uns nicht der Ernst des Lebens. Wir arbeiten gerne und organisieren uns so, dass wir nicht auf die Rente und noch nicht mal auf den nächsten Freitag warten müssen. Thank God it's Monday.

Die Montagswelt

Gute Arbeit macht glücklich, bezahlt aber noch nicht die Miete. Unser Dark Horse konnte nur so lange im Rennen bleiben, weil auch jemand auf uns gesetzt hat. Die Wette auf die Werte der Generation Y funktioniert aus drei Gründen: Sie funktioniert erstens, weil nun einmal nicht nur unsere Generation sinnvoll arbeiten möchte. Seit jeher wollen Menschen Zusammenhalt und Zugehörigkeit auf der einen und Individualität und Abgrenzung auf der anderen Seite. Unsere Eltern haben gegen verkrustete gesellschaftliche Strukturen demonstriert und uns in diesem Geiste erzogen.

Wir machen uns nun daran, dieses Erbe auf die Arbeitswelt zu übertragen. Unsere Revolution findet nicht auf der Straße oder in Kommunen statt, sie riecht nicht nach Haschisch und klingt nicht nach Gitarren. Ordentlich gekämmt und pünktlich erscheinen wir montagmorgens zur Arbeit und krempeln sie gut gelaunt um. Wie ein gutartiger Virus, den man erst bemerkt, wenn man sich schon angesteckt hat, verbreitet sich unsere Revolution leise und schleichend, aber unaufhaltsam. Die Generation Y mag Namensgeber des Wandels sein, alleinige Nutznießerin ist sie sicher nicht. Immer wieder lernen wir Menschen anderer Altersklassen kennen, die sich neugierig auf diese neuen Ideen einlassen oder uns sogar die eine oder andere Brücke bauen.

Und selbst diejenigen, die dem Umbruch heute noch skeptisch gegenüberstehen, werden bald keine andere Wahl mehr haben, als sich zumindest ein bisschen auf die Umwälzung der Arbeitskultur einzulassen. Zweitens glauben wir an den nachhaltigen Wandel der Arbeitswelt, weil Unternehmen sich etwas einfallen lassen müssen, wenn sie auch in Zeiten des demographischen Wandels talentierte Mitarbeiter suchen. Schon heute beklagen viele Firmen den Fachkräftemangel. Gutqualifizierte Ingenieure, Informatiker, Pflegekräfte und Lokführer werden händeringend gesucht. Unser Mangel gibt uns hochqualifizierten jungen Wissens- oder Kopfarbeitern die Macht, echten Wandel in Büros und Köpfen zu verlangen und zu gestalten. Wenn die Arbeit, die unserer Generation angeboten wird, nicht zu uns passt, müssen wir uns nicht anpassen, sondern können die Arbeit ändern.

Der dritte und wichtigste Grund ist schlicht, dass unsere vernetzte, flexible und iterative Arbeit funktioniert. Sie dient keinem Selbstzweck, sondern ermöglicht es uns, auf sinnvolle Ideen zu kommen und komplexe Probleme zu lösen. Wir verdienen unser Geld damit, für und mit unseren Auftraggebern aus der Wirtschaft und dem öffentlichen Sektor Innovationen zu entwickeln. Einer unserer Gründer erklärte seiner Oma einmal, wir seien wie Hebammen, nur dass wir keine Kinder, sondern Produkte und Services zur Welt bringen.

Businessmodelle, mit denen die Konzerne jahrzehntelang zu den »Glücklichen 500« gezählt hatten, tragen plötzlich nicht mehr. Die Geister, die die Outsourcer und Automatisierer riefen, werden sie nun nicht mehr los. Die Vernetzung aller mit allem hat die Welt komplexer gemacht. Wenn sich Kulturkritiker, Technikenthusiasten und der Mainstream, der früher Mittelschicht hieß, bei etwas einig sind, muss etwas Wahres dran sein. Probleme sind interdependenter und Lösungen kontingenter und kontextabhängiger geworden. Sicher geglaubte Wahrheiten veralten heute schneller als Handymodelle. In dynamischen Systemen versagen lineare Herangehensweisen, und der sprichwörtliche Schmetterling, dessen Flügelschlag am anderen Ende der Welt einen Tornado auslöst, ist mit herkömmlichen Keschern nicht länger einzufangen. Organisationen würgen komplexe Probleme unverdaut wieder heraus. Das bestehende System kann sich nicht länger selbst reproduzieren, es ist Zeit für ein neues.

Dieses Buch gibt Einblick in die Organisations-, Kommunikations-, Entscheidungs- und Entlohnungsstrukturen von Dark Horse. Es zeigt eine Arbeitskultur, die heute noch recht einmalig ist, deren Elemente und Prinzipien jedoch mit der Generation Y in immer mehr Unternehmen einziehen werden. Das Buch soll Entscheidern in Konzernen und Mittelständlern zeigen, dass die Ansprüche der Generation Y keine Bedrohung, sondern eine große Chance für sie sind. Es soll Chefs in Agenturen und Start-ups demonstrieren, dass sie selbst wieder kreativ werden können, wenn sie aufhören, ihre kreativen Mitarbeiter zu managen. Das Buch gibt Anhaltspunkte, wie sich Arbeit so organisieren lässt, dass junge Arbeitnehmer dauerhaft motiviert sind. Vor allem aber soll es unserer Peergroup Mut machen, sich weder ganz auf das traditionelle Arbeitssystem einzulassen, noch als digitale Einsiedler daraus auszusteigen.

Wir wollen jungen Arbeitnehmern, die an Strukturen verzweifeln, und Freiberuflern, die sich im täglichen, einsamen Arbeitskampf aufreiben, den Enthusiasmus zurückgeben, mit dem sie in ihren Beruf gestartet sind. Wir wollen jungen Menschen zeigen, dass sie ihre Ambitionen im Berufsleben nicht aufgeben, sondern ausleben können. Dabei ist uns klar, dass wir aus einer privilegierten Position heraus argumentieren: Wir sind allesamt Akademiker und können uns unsere kleine Revolution leisten, weil wir im Zweifel schon etwas anderes finden werden. Wir wissen, dass für viele unserer südeuropäischen Altersgenossen jede Arbeit Luxus ist. Wir leben in Berlin, einer Stadt, die nach wie vor voller Leerstand ist, den junge Kreative günstig füllen können. Wir wissen, dass Hierarchien in vielen Bereichen sinnvoll sind und viele Arbeiten keinen großen Spaß machen. Und doch haben wir in den vergangenen Jahren gesehen, dass Elemente unserer Arbeitskultur in allen Branchen und Bereichen funktionieren und selbst scheinbar simple Tätigkeiten keine reine Routine sind. Wenn die Strukturen dies zulassen.

Wir glauben, dass die Herausforderungen unserer vernetzten Welt vernetzte Wissensarbeit erfordern, nicht nur von Hochschulabsolventen. Handwerk ist heute mindestens genauso Wissensarbeit wie Kopfarbeit, und Kopfarbeit ist für uns immer auch Handarbeit. Wir wollen Schüler, Auszubildende, Studenten und Berufsanfänger ermuntern, gemeinsam daran zu arbeiten, dass Arbeit für alle zu dem Vergnügen wird, das es heute für uns schon ist. Das Buch ist als Plädoyer dafür zu verstehen: Es geht! Auch anders! Im Englischen klingt das Y, das unsere Generation bezeichnet wie »why«. Wir hoffen, dass aus dem »warum« ein »warum eigentlich nicht« wird. Mit diesem Buch wollen wir jeden dazu inspirieren, sein eigenes Dark Horse zu finden und Mittel und Wege zu suchen, diese Wette zu gewinnen.

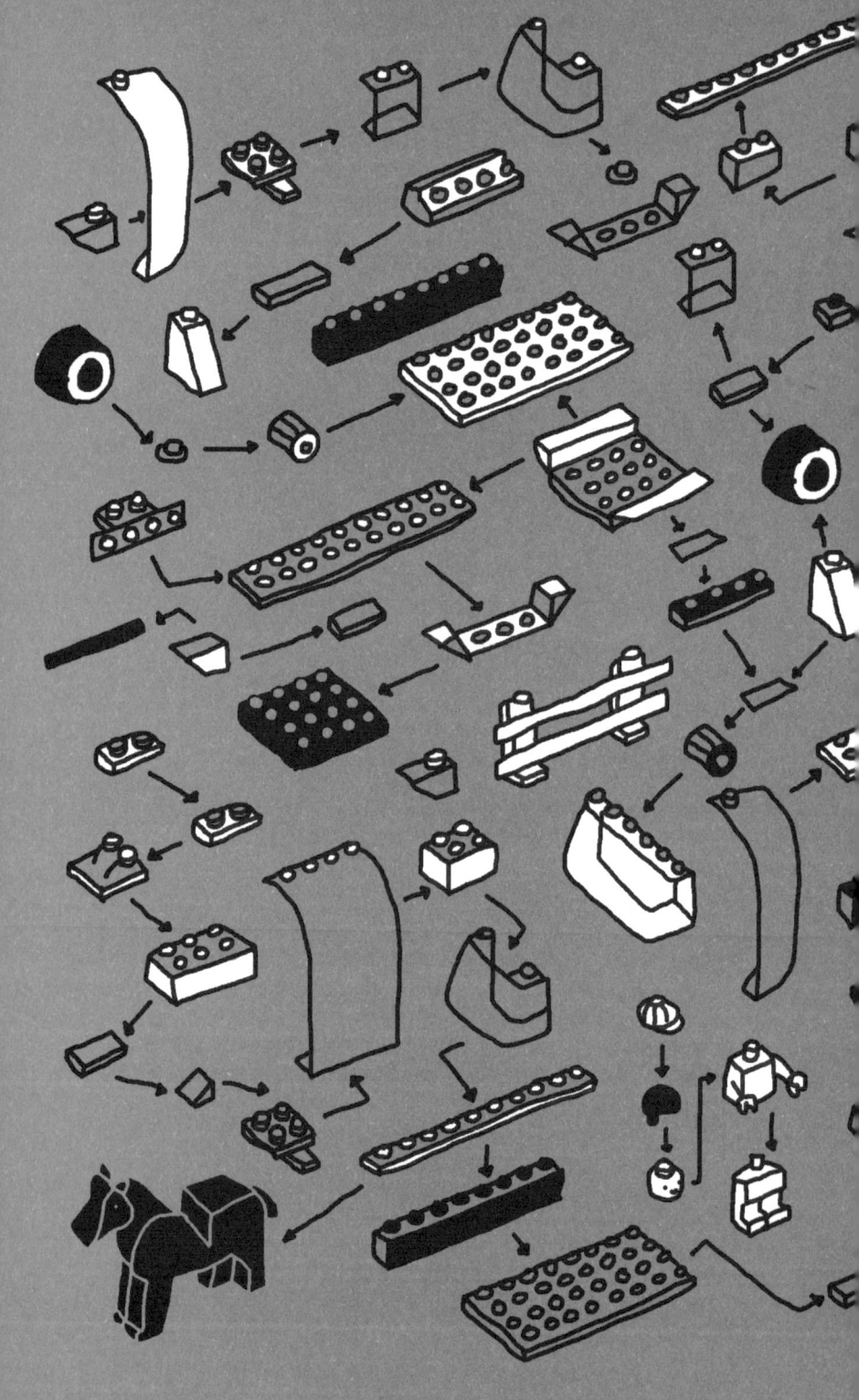

DIE GLOBALISIERUNG WIRD
LANGSAM ERWACHSEN UND IST
DABEI, IHRE ELTERN ZU FRESSEN.

Früher war alles komplizierter

Seinerzeit kamen unsere Wettbewerber aus der Region. Heute aus China. Und neuerdings haben die dort sogar eigene Ideen und kopieren nicht nur unsere Produkte«, so die Klage eines schwäbischen Mittelständlers. Aus Schorndorf wird Shenzhen, Weltmarktführer müssen plötzlich auf dem Weltmarkt konkurrieren. Die Globalisierung wird langsam, aber sicher erwachsen und ist dabei, ihre Eltern zu fressen. Regionen, in die einst Produktionsprozesse ausgelagert wurden, konzentrieren sich auf die Herstellung eigener Produkte. Neben der Globalisierung ist die Macht der Einzelnen die zweite große Herausforderung, die Unternehmen derzeit Angst macht. Kunden schwingen sich plötzlich zu Königen auf, die in sozialen Netzwerken unerbittlich haltlose Produktversprechen entlarven. Sie sind nicht länger bereit, Servicewüsten zu durchwandern.

Seit Konsumenten an klassischen Medien vorbeikommunizieren können, funktioniert die alte Gleichung »Ware mal Werbebudget ist gleich Umsatz« nicht mehr. In der Multioptionsgesellschaft sind Alternativen immer nur einen Klick weit entfernt. Zufriedene und vor allem unzufriedene Kunden teilen über weitverbreitete Social-Media-Kanäle ihre Meinung zu Produkten und Services unmittelbar mit den entsprechenden Firmen und der Welt. »User generated content«, also von Nutzern erstellter Inhalt, dominiert das sogenannte Web 2.0. Der mündige Käufer enttarnt Quatsch als Quatsch, und jeder kann mitlesen. Auch Firmen als Ganzes stehen permanent auf dem digitalen Prüfstand. Immer mehr Kunden erwarten von Unternehmen sowohl ökonomisch sinnvolle Dienstleistungen und Produkte als auch sozial und ökologisch nachhaltige Produktionsbedingungen. Digitalisierung trifft Globalisierung: Im Netz gibt es keine weit entfernten Länder, in denen es sich unbemerkt Menschen und Ressourcen ausbeuten lässt. Nicht nur in unserer Generation wächst das Bewusstsein für begrenztes Wachstum.

Kompliziert war die Welt schon immer, heute ist sie auch noch komplex. Komplizierte Probleme sind wie eine knifflige Rechenaufgabe: Das Problem ist bekannt und klar benannt und kann durch die richtige Aneinanderreihung der passenden Phasen ein für alle Mal gelöst werden. Durch die schrittweise Analyse der Situation und den jeweils logischen nächsten Schritt nähert man sich der angestrebten Lösung an. Der Weg zu dieser Lösung kann dennoch äußerst schwierig sein, je nach individuellen Voraussetzungen sogar nahezu unmöglich. Nur weil ein Problem theoretisch lösbar ist, bedeutet dies noch nicht, dass es auch praktisch möglich ist. Jeder, der in der Schule an Integralrechnung gescheitert ist, kann ein Lied davon singen. Die Entwicklung des 3-Liter-Autos oder die optimierte Lieferkette-Logistik sind komplizierte Probleme: Wenn Autos nur noch drei Liter Kraftstoff pro hundert gefahrene Kilometer benötigen oder Waren zuverlässig zum Saisonstart im Einzelhandel ankommen, sind die Probleme gelöst. Am Weg zu dieser Lösung beißen sich Automobilkonzerne und Modemarken dennoch seit Jahren die Zähne aus.

Während komplizierte Probleme bereits auf eine theoretische Lösung verweisen, sind komplexe Probleme eher wie stockender Verkehr: Es ist nicht nur unklar, wie das Problem zu lösen ist, sondern auch, was genau das Problem ist, wer es hat oder ob es überhaupt eines gibt. Sie zeichnen sich dadurch aus, dass Ursache und Wirkung nicht klar voneinander zu trennen sind und Problem und Lösung im Auge des Betrachters liegen. Anders als bei komplizierten Problemen gibt es keinen Weg, den man abschreiten kann, um zur ins Auge gefassten Lösung zu kommen. Ziel und Weg liegen im Nebel. Fahren muss man trotzdem, und das auch noch auf kurviger Straße und ohne Navi. Komplexe Probleme sind zudem hochgradig kontextabhängig und kontingent – und können nie ein für alle Mal gelöst werden. Urbane Gentrifizierung oder die gesellschaftliche Rolle von Frauen sind zum Beispiel komplexe Probleme: Ist es gut oder schlecht, wenn neuzugezogene Kiezbewohner Blumenbeete an den Gehwegen anlegen, und sind 30 Prozent Frauenanteil in Aufsichtsräten ein Anfang oder ein Aufreger?

Viele soziale und politische Probleme sind seit jeher komplex, neu ist, dass auch Unternehmen sich mit einer Fülle an komplexen Themen konfrontiert sehen. Automobilkonzerne müssen sich plötzlich nicht nur fragen, wie sie noch effizientere Motoren entwickeln können, sondern was Mobilität im Zeitalter begrenzter Ressourcen und zunehmender Urbanisierung bei gleichzeitiger Digitalisierung bedeutet. Modemarken müssen nicht nur T-Shirts pünktlich in die Filialen liefern, sondern sich Gedanken machen, welchen Stellenwert der stationäre Einzelhandel heute überhaupt noch haben kann. Geschäftsmodelle, die über Jahrhunderte hinweg erfolgreich waren, tragen nicht mehr. Junge, nachwachsende Kunden ticken anders, und vielen Unternehmen fällt es schwer, zu verstehen, was das für sie bedeutet. Wie Digital Natives konsumieren, leben und sogar lieben, unterscheidet sich fundamental von der Lebenswelt älterer Generationen. Einen unserer Aufträge haben wir bekommen, weil der CEO eines großen Unternehmens mitbekam, wie seine jugendliche Tochter sich per Kurznachricht von ihrem Freund trennte. Der Konzernlenker merkte, dass viele Werte und Vorstellungen offenbar so sehr im Wandel begriffen waren, dass auch multinationale Firmen sich nicht auf dem ausruhen können, was sie so erfolgreich gemacht hat. Die Wirtschaft wandelt sich so rapide, dass die Betriebswirtschaft nicht hinterherkommt. Organisationen müssen sich an veränderte Bedingungen anpassen, und zwar schnell und fortlaufend.

Weil alte Ansätze nicht mehr greifen, müssen neue her – Innovation muss sein, darauf zumindest können sich alle einigen. Es regiert ein regelrechter Innovationsimperativ: Nur was neu ist, kann auch wirklich gut sein. Und was neu ist, wird immer schneller alt. Politisch sind Innovationen daher ein Konsensthema und werden durch verschiedenste Wettbewerbe, Programme, Cluster, Regionen, Netzwerke und Partnerschaften gefördert und institutionalisiert. In immer

kürzeren Abständen werden zunehmend mehr Innovationen ver-
kündet, prämiert und eingefordert. Der Begriff Innovation ist zum
normativ besetzten Leitbild und Selbstzweck geworden. Wem all
diese lautstark verkündeten, prämierten und eingeforderten Entwicklungen eigentlich nützen und woher sie alle kommen, bleibt dabei
oft unbeantwortet. Hauptsache neu. Meistens ohne überhaupt zu
definieren, was Innovation eigentlich sein soll. Trotz dieser Innova-
tionsschwemme tun sich viele Firmen schwer damit, externen oder
selbstgestellten Innovationsforderungen gerecht zu werden. Offenbar reicht es nicht länger, Innovation vom Ergebnis her zu denken.
Der amerikanische Innovationsexperte Robert B. Tucker[4] vergleicht
die Innovationspraxis in den meisten Unternehmen mit dem Paa-
rungsverhalten von Pandas: unregelmäßig, ungelenk und meistens
ineffektiv. Organisationen droht in dieser multipolaren, vernetzten,
beschleunigten Welt ein Szenario, mit dem die meisten Menschen
nur sehr schlecht umgehen können: Kontrollverlust. Der globalisierte
Wettbewerb und die digitalisierten Kunden kreisen Konzerne, Mittelständler und die abhängig beschäftigten Agenturen und Unter-
nehmensberatungen immer weiter ein. Diese jedoch drehen sich oft
weiter um sich selbst und versuchen, die komplexe Welt mit immer
komplizierterem Management in Schach zu halten. Die unkontrol-
lierbare Welt soll mit aller verbleibenden Macht kontrolliert werden.
Was fehlt, ist Orientierung.

Design Thinking

Innovativ sein bedeutet, etwas anders zu machen. Neu zu denken,
auszuprobieren, Grenzen auszuloten – schließlich will man ja raus
aus der Box und über den Tellerrand. Grenzgänge jenseits der Norm
sind seit jeher das Metier der Künstler und Kreativen. Es bietet sich
deshalb an, zwecks Innovationsfähigkeit deren Arbeitsweisen ab-
zuschauen und auf neue Kontexte zu übertragen. In der komplexen

---

4 www.bit.ly/1nzHCLh, (29.07.2014).

Welt ist Kreativität kein Luxus, sondern ein entscheidender Wett-
bewerbsfaktor.

Design Thinking ist wahrscheinlich nicht von ungefähr im kalifor-
nischen Silicon Valley entstanden. Als Bezeichnung für einen bestimmten Innovationsansatz wurde der Begriff Anfang der 2000er
von David Kelley[5], einem der Gründer der amerikanischen Design-
und Beratungsfirma Ideo, geprägt. Design Thinking ist ein etwas
irreführender Begriff, denn es handelt sich nicht um einen rein
kognitiven Ansatz. Durch den Zusatz »Thinking« will David Kelley
deutlich machen, dass er sich auf mehr als klassisch-ästhetisches Pro-
duktdesign durch ausgebildete, professionelle Designer bezieht, und
wollte einen Begriff schaffen, der sich gegen klassisches analytisches
Denken (»analytical thinking«) positioniert. Dieses *mehr* betrifft zwei
Bereiche: Design soll *mehr* als schöne Artefakte entwerfen, und *mehr*
Menschen sollen wie Designer, »denken« und arbeiten. Aber wie
denken Designer, und warum können mit ihrer Denkweise sinnvolle
Innovationen entwickelt werden? Der Ansatz verbindet einen starken
Nutzerfokus mit interdisziplinärer Teamarbeit und einem strukturierten, aber spielerischen Prozess. Über diese Elemente lassen sich
komplexe Themenfelder in ganz konkrete Lösungen überführen,
seien dies Produkte, Dienstleistungen oder Konzepte.

Bei vielen Unternehmen, insbesondere in Deutschland, steht die
technische Weiterentwicklung im Zentrum der Innovationstätig-
keit. Leider nehmen potentielle Nutzer nicht immer alles an, was
die Unternehmen ihnen anbieten, sei es technisch noch so ausgefeilt.
Der Kern der Innovation mittels Design Thinking besteht darin, herauszufinden, was Nutzer wirklich wollen und brauchen und welche
grundlegende Funktion ein Produkt oder Service für sie erfüllen soll.
Daher stehen von Anfang an »echte« Menschen im Zentrum der
Produkt- und Serviceentwicklung.

---

5 www.bit.ly/WK6W7j, (28.07.2014).

Durch ethnographische Methoden wie stille oder teilnehmende Beobachtung, explorative Gespräche, Tiefeninterviews oder das eigene Erleben tastet sich ein Design-Thinking-Team an die latenten und versteckten Bedürfnisse der Nutzer heran. Für unsere Projekte schauen wir Menschen in die Wohnzimmer, Werkzeugkisten oder Waschmaschinen. Oft lassen wir uns von Extremnutzern, also Menschen, die die Produktkategorie abgöttisch lieben oder abgrundtief hassen, ihre Beweggründe erzählen. Uns interessieren bei unseren qualitativen Explorationen vor allem die Motivationen der Menschen. Wir wollen wissen, warum sie bestimmte Dinge tun und andere sein lassen, womit sie ihre Zeit verbringen, was sie motiviert und wovor sie Angst haben. Wir nehmen die Dinge so, wie sie tatsächlich sind, und nicht so, wie Unternehmen oder Institutionen sie sich wünschen.

Bei unserer Begleitforschungsstudie für das Bundesministerium des Inneren ging es beispielsweise um Anwendungsfälle für den damals neuen elektronischen Personalausweis. »Er ist klein, aber kann mehr«, sagte das BMI – unsere Aufgabe war es, das auf den Prüfstand zu stellen.

In unserer Recherche haben wir herausgefunden, dass die Menschen sich zwar durchaus verschiedenste Verwendungsmöglichkeiten für digitale Identitätskarten vorstellen können, dass sie den Staat in diesem Punkt aber weder als kompetent noch vertrauensvoll einschätzen. Die damalige Regierung hatte sich vorgenommen, das Internet sicher und bürgerfreundlich zu machen, die meisten Bürger jedoch fürchteten den sprichwörtlichen großen Bruder und verzichteten zugunsten ihrer subjektiven Sicherheit auf die schöne neue Ausweiswelt. Die damaligen Ministeriumsmitarbeiter waren wenig erfreut über unsere Rechercheergebnisse. Ein paar Jahre später erscheinen sie im Zuge der Enthüllungen Edward Snowdens in einem anderen, düsteren Licht. Wir machen bei unserer Recherche bewusst keine quantitativen Umfragen. Zwar sind auch diese Marktforschungsdaten wichtig und hilfreich, besonders wenn es um die Einführung einer neuen Marke oder generell um die Bewerbung eines bestehenden Produktes geht. Die Umfragen beziehen sich aber immer auf Bestehendes und helfen uns nicht bei der Entwicklung wirklich neuer Ideen. Ebenso wenig stützen wir uns auf Zielgruppen. Zielgruppen haben keine Gefühle, Menschen schon.

Bei einer Recherche untersuchten wir zum Beispiel die Zielgruppe jugendlicher Digital Natives. Dabei kam heraus, dass das Digitale für die Teenager überhaupt nicht identitätsstiftend ist. Für sie waren das Internet und seine Möglichkeiten schließlich schon immer da. Die Zuschreibung als Digital Natives kam von den älteren Digital Immigrants, für die viele Seiten des Internets nach wie vor Neuland sind. Gleichwohl spielten die Bedingungen und Möglichkeiten des digitalen Raums eine große Rolle für die Jugendlichen und strahlten in ganz unterschiedlicher Form auch in deren analoge Lebensbereiche aus. Zielgruppen vereinfachen und fassen zusammen, Menschen sind aber widersprüchlich. Besonders in diesen Widersprüchen schlummern oft Innovationsmöglichkeiten. Das Zauberwort bei unserer Recherche lautet Empathie. Wir wollen uns in die Welt der Nutzer hineinversetzen können und verstehen, was diese im Innersten zusammenhält.

Bei einigen Projekten fällt das leichter als bei anderen: Für die Bio-Bäckereikette Zeit für Brot haben wir Menschen beim Kauf und Verzehr von Backwaren beobachtet und interviewt. Dabei fiel uns auf, dass die Käufer von Biobrot einerseits großen Wert auf die Herkunft ihrer Schnittchen legten. Bio zu kaufen war für viele Lebenseinstellung, und die sollte man bitte schön auch sehen. Sie selbst wussten logischerweise, dass ihr Brot aus biologischem Getreide gemacht war, anderen wurde dieser Umstand durch den kleinen Aufkleber auf der Kruste signalisiert. Dieser Papierstreifen war zugleich auch das größte Ärgernis für viele Brotesser. Er pappte an der Brotrinde, am Messer oder im Mund. Einige Kunden machten sich auch Sorgen über Farb- oder Klebstoffe. Kurz: Der Kleber schien notwendig, aber übel. Mit den Biokäufern empathisch zu sein, fiel uns leicht; die meisten von uns hatten schon ähnliche Erfahrungen gemacht. Das Ergebnis war ein wiederverwendbares Einbacklogo aus Silikon: Mit einer Art Stempel wird das Bio-Emblem in den Brotteig gestanzt und bildet sich beim Backen in der Kruste aus. Der Bäcker kann nun sein Markenzeichen auf dem Brot hinterlassen, ohne seine ökobewussten Kunden mit Papier und Kleber zu verprellen.

Ein Projekt für das Institut für Sexualwissenschaft und Sexualmedizin der Berliner Universitätsklinik Charité stellte unsere Empathiefähigkeit jedoch auf eine harte Probe. Das Institut betreut unter anderem das Projekt »Kein Täter werden«. Dieses möchte Menschen mit pädophilen Neigungen kostenlos und unter Schweigepflicht therapeutisch helfen, nicht zum Täter sexuellen Missbrauchs zu werden oder Kinderpornographie zu konsumieren. Es wendet sich an Menschen, die ohne juristische Auflage Hilfe dabei suchen.
In einem Pro Bono Projekt unterstützten wir das Institut bei der Suche nach neuen Kommunikationsstrategien, um noch mehr Betroffene zu erreichen. Bei unserer Recherche merkten wir, wie sehr diese Menschen – in der Regel sind es Männer – leiden: Sie leben in dem Wissen, ihre sexuellen Phantasien nicht ausleben zu dürfen, da sie sonst Kindern Schaden zufügen. Gleichzeitig fühlen sie sich unendlich allein mit ihren Gefühlen und wagen es oft nicht, sich jemandem anzuvertrauen. Pädophile sind in der öffentlichen Wahrnehmung gleichgesetzt mit Kinderschändern, der Abschaum vom Abschaum, moderne Parias – ganz egal ob sie jemals straffällig geworden sind oder nicht. Bei Pädophilen darf der Rechtsstaat Pause machen und Präventivschläge gelten als angemessen. So jedenfalls der Eindruck der Betroffenen.

Für uns war es enorm wichtig, solche Gedanken nicht nur von den Betroffenen zu hören, sondern auch bei uns selbst zuzulassen, um sie schließlich überwinden zu können. Wir lernten, dass viele Missbrauchsfälle an Kindern nicht von Pädophilen begangen werden und Pädophilie zwar nicht heilbar aber behandelbar ist.

Empathie kann man nicht kaufen. Aber man kann sie durchaus trainieren. In diesem Falle dienten unsere Erkenntnisse als Grundlage für eine Umstrukturierung der Website: hier finden sich nun »Innenansichten«, O-Töne von Personen, die die Therapie bereits durchlaufen haben und sehr eindrücklich von ihren Zweifeln, Fort- und Rückschritten und Erfahrungen berichten.

Eine der wichtigsten – und schwierigsten – Aufgaben in jedem Design-Thinking-Projekt ist es, in der Masse der Eindrücke Muster zu bemerken. Nach der Recherche gilt es, aus bloßen Daten Erkenntnisse zu generieren. Aus reiner Information wird Wissen. Auch unsere Erkenntnisse zu Brot und Pädophilen entstanden erst in dieser Phase der bewussten Reflexion. Organisationen haben oft ausgeklügelte Mechanismen, um Bestehendes und Werdendes einzuordnen, aber Schwierigkeiten, die Quellen von Neuem, unfertige Potentiale und Möglichkeitsräume zu sehen. Während klassische Innovationsprozesse auf die fertige Statue und den talentierten Bildhauer schauen, fokussieren wir uns auf den unbearbeiteten Marmorblock oder gar den Steinbruch. Wir lassen uns auf die Komplexität der Welt ein und reduzieren diese gleichzeitig.

Spätestens bei diesem Schritt der bewussten Reflexion ist neben der Nutzerzentrierung das zweite grundlegende Element von Design Thinking entscheidend: die interdisziplinäre Teamarbeit. Bei Dark Horse arbeiten Wirtschaftsingenieurinnen mit Psychologen, Ernährungswissenschaftlerinnen und Geographen zusammen. Diese Perspektivenvielfalt hilft uns, die richtigen und die richtig dummen Fragen zu stellen. Die jeweiligen Themenexperten im Team sind wichtig, um das Rad nicht immer wieder neu zu erfinden. Die Fachfremden sind dafür wichtig, dass aus den Experten keine Fachidioten werden. Während die Experten gleich zum Hammer greifen, denken die Themenneulinge über das sprichwörtliche Loch in der Wand nach; das Unverständnis der Fachfremden beflügelt die Innovation.

Interdisziplinäre Teams können blinde Flecken sehen und tote Winkel ausleuchten. Im Design Thinking widmet man sich – im Vergleich zu technisch oder wirtschaftlich getriebenen Innovationsansätzen – ausführlich der Problemdefinition und trennt diese bewusst von der Konzeption. Albert Einstein soll gesagt haben, wenn er eine Stunde hätte, um ein Problem zu lösen, von dem sein Leben abhinge, würde er 55 Minuten lang über das Problem nachdenken und fünf Minuten über die Lösung.

Nachdem wir Ideen entwickelt und ausgewählt haben, beginnen wir sofort damit, sie prototypisch umzusetzen. Beim Wort Prototypen denken viele Menschen an glänzende Autos mit leichtbekleideten Hostessen auf der Motorhaube. Wir denken dabei eher an Knetmasse, Legosteine, Styroporkugeln und bunte Pappe. Das unmittelbare Visualisieren und Bauen von Ideen erfüllt für uns zwei Funktionen: Es hilft dem Team, Ideen im Kern zu verstehen. Machen statt diskutieren ist ein zentraler Grundsatz – der besonders Akademikern anfangs oft schwerfällt. Die unmittelbare Umsetzung von Ideen ohne Machbarkeitsstudien, Tabellenkalkulationen und Experteninput ist für viele mindestens genauso ungewohnt wie die ausführliche Problemdefinition. In Schule, Hochschule, Ausbildung und Beruf trainieren die meisten Menschen vor allem logisches Denken. Im Design ist aber gerade eine pragmatische »Willkür« entscheidend: Es geht eben nicht darum, den einen, wahren Stuhl zu finden, sondern eine der Situation angemessene Sitzgelegenheit zu schaffen. Im Gegensatz zu deduktiven Denkansätzen will der Design Thinker die Welt nicht erklären, sondern sie erweitern und ihr neue Möglichkeiten hinzufügen. Der amerikanische Sozialphilosoph Charles

Sanders Peirce[6] beschrieb neben Induktion und Deduktion eine dritte Art zu schlussfolgern und nannte sie Abduktion, vom lateinischen abducere für ableiten. Dabei wird von einem Resultat und einer Regel auf einen bestimmten Fall geschlossen: Die ganze Straße ist nass – wenn es regnet, wird die Straße nass – es muss geregnet haben. Natürlich kann auch ein Laster mit Mineralwasser umgekippt sein, oder jemand hat die Straße aufwendig gegossen. In der Philosophie und Wissenschaftstheorie wird die Abduktion wegen solcher logischen Ungenauigkeiten und »voreiligen« Schlüsse kritisiert und ist bislang nicht wirklich als Kulturtechnik anerkannt. In gestalterischer Arbeit wird lineare, logische Planung jedoch von der faktischen Macht des nächsten getanen Schritts überholt.

Neben ihrer Funktion als Denk- und Handlungsstütze sind Prototypen immer ein Mittel zum Testzweck. Wir präsentieren unsere Knetkunstwerke, Stop-Motion-Videos oder Rollenspiele echten Nutzern, um ihr Feedback einzuholen. Oft achten wir darauf, unsere Prototypen nicht zu fertig aussehen zu lassen. Wenn die Tester merken, dass sie mit etwas tatsächlich Unfertigem, Formbaren konfrontiert werden, trauen sie sich, aktiv daran weiterzuformen. Je früher wir aus Fehlern lernen, umso mehr können wir später richtig machen und umso günstiger wird der Entwicklungsprozess. Die Fehler von heute sind das Wissen von morgen.

Neben Nutzerzentrierung und interdisziplinärer Teamarbeit ist das dritte zentrale Element des Design Thinkings die Iteration, die schrittweise und wiederholende Annäherung an eine Lösung: erst mal machen, dann lernen, dann neu machen. Dadurch sind Fehler nicht nur erlaubt, sondern explizit erwünscht. Die Zeitpläne der Projekte sind so angelegt, dass man bis zur Ergebnispräsentation mehrere Iterationszyklen durchläuft. Jeder kann risikofrei Ideen einbringen

---

6 Charles Sanders Peirce: *Collected Papers.* Hrsg. Charles Hartshorne und Paul Weiss, Cambridge 1931, S. 1/1.

und auf Ideen verzichten, weil sie im nächsten Iterationsschritt noch eine Chance haben und am Ende ohnehin die Nutzer entscheiden. Ähnlich wie bei einer klassischen Symphonie ergibt erst der Wechsel zwischen explorativen und zusammenführenden Phasen sowie deren Wiederholung ein stimmiges Gesamtbild. Durch die Kombination aus breiter Recherche, tiefer Analyse, wilden Ideen und schnellem Test gelingt das Paradox von ergebnisoffener Ergebnisorientierung. Es lässt sich sowohl strukturiert als auch kreativ arbeiten – bislang in vielen Organisationen ein Widerspruch.

Wer out of the box möchte, sollte seine Mitarbeiter nicht in Schubladen stecken

Natürlich haben viele Unternehmen, Organisationen und Institute schon längst erkannt, dass der Übergang zur vernetzten Wissensgesellschaft nur über ein Neudenken und Neumachen funktioniert. Sie haben damit angefangen, einige der Innovationsprinzipien zu übertragen. Unter dem »Open Innovation«-Ansatz entstehen beispielsweise nutzerzentrierte Innovationen durch die Zusammenarbeit über Firmen-, Branchen- und Sektorengrenzen hinweg. Kunden werden von Firmen eingeladen, an der Entwicklung neuer Angebote mitzuwirken. Mit der Verbreitung des Internets entstand auch das sogenannte Crowdsourcing, bei dem durch die Beteiligung vieler neue Ideen gewonnen werden sollen. Im Innovationsbereich gibt es dafür spezielle Onlineplattformen, auf denen Organisationen Aufgaben einstellen können, wie zum Beispiel jovoto.com, innocentive.com oder atizo.com. Wer Interesse hat, kann diese dann bearbeiten und die Ideen anderer bewerten und kommentieren. So werden Kunden von passiven Konsumenten zu wichtigen Impulsgebern. Diese sogenannte Co-Creation funktioniert – sofern das »Co« ernst genommen wird und Kunden tatsächlich auf Augenhöhe aktiv mitgestalten dürfen.

Leider ist dies aus verschiedenen Gründen nicht immer der Fall: Die Rechtsabteilung sorgt sich um Geheimhaltungsvereinbarungen und um die Klärung, wem welches geistige Eigentum gehört, bevor es überhaupt entstanden ist. Forschungs- und Entwicklungsabteilungen wittern – häufig leider zur Recht – Industriespionage und fürchten um ihre eigene Position. Das Marketing Department interessiert sich vor allem für die Nutzerdaten und weniger für die Ideen, während der Vertrieb, der ja seit jeher nahe am Kunden ist, sich beleidigt in den Außendienst zurückzieht. Kunden merken schnell, ob Unternehmen tatsächlich an ihren Gedanken interessiert sind oder nur günstig Ideen abgreifen wollen. Als Henkel 2011 per Facebook dazu aufrief, für seine Spülmittelmarke Pril Etiketten zu entwerfen und über die Vorschläge abzustimmen, wurden über 30 000 Ideen eingereicht. Weit vorne lag die Duftlinie »Hähnchengeschmack«[7] in einer braunen Flasche. Der Werbetexter Peter Breuer hatte sie als provokanten Spaß vorgeschlagen. Daraufhin änderte Henkel die Regeln: Ideen mussten nun vorab den Test einer internen Jury bestehen, bevor sie veröffentlicht wurden. Als Henkel auch noch kritische Kommentare in der Facebook-Gruppe löschen ließ, verärgerte das Unternehmen seine Fans endgültig. Gewonnen haben letztlich zwei biedere Vorschläge, die teilweise nur ein Zehntel der Stimmen hatten, aber laut einer Henkel-Sprecherin »Akzeptanz im Handel« versprächen. Man kann sicher darüber streiten, ob es sich bei Etikettenschwindel auf Spülmittelflaschen überhaupt um Innovationen handelt, die Risiken und Nebenwirkungen von Open Innovation zeigt dieses Beispiel allemal.

Open Innovation hat zudem mit einem strukturellen Problem zu kämpfen. Kunden wissen oft gar nicht, was sie wollen. Eine Innovation ist per definitionem etwas, das es noch nicht gibt – also auch etwas, was sich nicht einfach denken lässt. Von Henry Ford stammt das berühmte und ganz schön abgedroschene Zitat: »Wenn ich die

7 www.bit.ly/1pmxaGu, (29.07.2014).

WISSEN VERMEHRT SICH, WENN MAN ES TEILT.

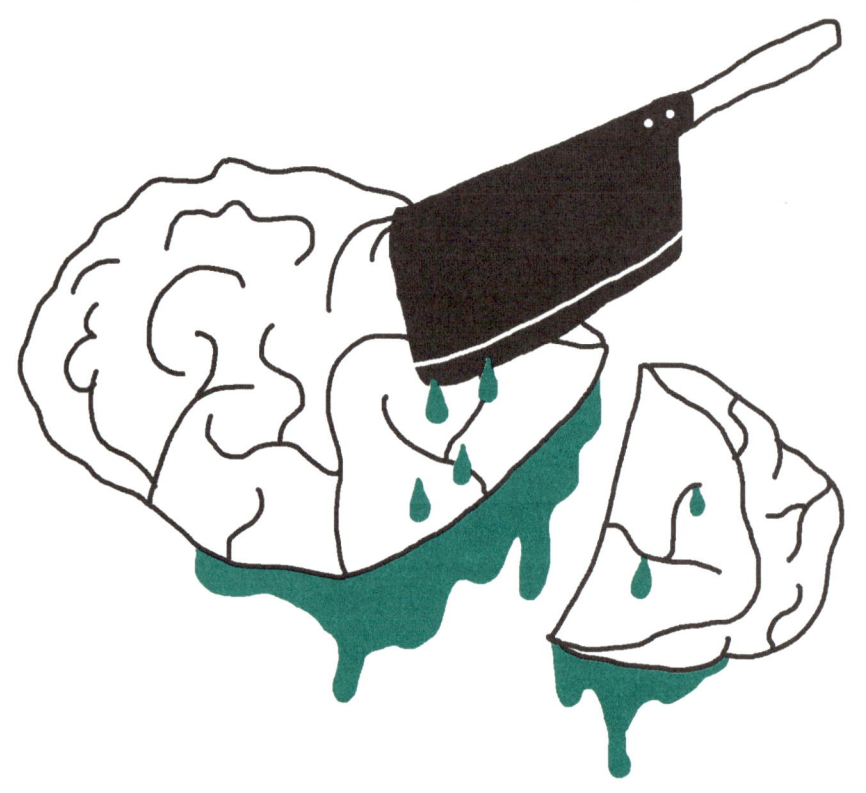

Nutzer gefragt hätte, was sie wollen, hätten sie gesagt, schnellere Pferde.« Den meisten Menschen und dadurch auch Organisationen fällt es äußerst schwer, sich gedanklich vom eigenen Kontext zu entfernen. Nutzer, die Innovationen für ihre eigene Lebenswelt entwickeln, verhalten sich oft wie der Betrunkene aus Paul Watzlawicks *Anleitung zum Unglücklichsein*[8], der irgendwo auf dem Heimweg seinen Schlüssel verliert und ihn unter der Straßenlaterne sucht. Nicht etwa, weil er ihn dort verloren hat, sondern weil es dort am hellsten ist. Bei vielen Open-Innovation-Prozessen entstehen daher nur inkrementelle Innovationen, oberflächliche Verbesserungen. Insbesondere bei komplexen Fragestellungen greifen Open-Innovation-Ansätze oft zu kurz, weil sie nur Antworten auf vordefinierte Fragen geben können.

Auch Interdisziplinarität wurde von Unternehmen, Instituten und Universitäten schon längst als probates Mittel zur komplexen Problemlösung erkannt: Wenn die Welt zu chaotisch und die Probleme zu komplex für einzelne Fachrichtungen werden, warum nicht einfach unterschiedliche Experten zusammenarbeiten lassen? Inter-, Trans- und Multidisziplinarität lautet das Gebot der Stunde. Ein Buzzword, ein Trendwort, das Versprechen, dass eins plus eins drei ergibt. Eine Disziplin und noch eine Disziplin ergeben ein »inter«, ein Dazwischen, das sich mit solchen Erkenntnissen füllt, die die beiden Einzeldisziplinen nicht hätten herstellen können. Wissen vermehrt sich indem man es teilt. Geteilte Arbeit ist halbes Leid mit doppelter Freude. Wenn die Denkansätze von Experten inkrementell bleiben, macht man einfach aus den Oberstübchen eine WG, und schwuppdiwupp potenzieren sich die Erkenntnisse. Wenn das mal so einfach wäre.

Jeder, der schon mal in einer WG gelebt hat, weiß, dass sich aus unterschiedlichen Ansichten nicht immer nur Positives ergibt. Klar,

---

8 Paul Watzlawick: *Anleitung zum Unglücklichsein*, München 2009.

eine Zeitlang ist es lustig mit dem Mitbewohner-Freak, der immer so verrückte Ideen hat. Die Partys sind wild, erst recht wenn er seine Freunde einlädt. Aber spätestens, wenn er am nächsten Morgen nicht mithilft, die Reste der Feier zu beseitigen, weil das doch bis abends Zeit hat, hört der Spaß auf. Ähnlich kann es interdisziplinären Arbeitsteams ergehen. Solange es um nichts geht, ist die Zusammenarbeit spannend. Aber sobald längerfristige Kooperation und gemeinsame Ergebnisse zum Thema werden, fangen die Probleme an: Die Neuen gehen die Aufgabe so furchtbar umständlich an oder beschäftigen sich intensiv mit Nebensächlichkeiten. Die Alteingesessenen meinen alles besser zu wissen, dabei gibt es längst viel effizientere Herangehensweisen. Schuld sind auf jeden Fall immer die anderen.

Die einen und die anderen, eine feinsäuberliche Unterscheidung, die Konkurrenz fördert und Kollaboration verhindert. Das 20. Jahrhundert war die Glanzzeit der Ordnung, Organisationen und Strukturen. Die Welt wurde systematisch in Bereiche aufgeteilt – Ost oder West, CDU oder SPD, Lego oder Playmobil, Punk oder Pop, Ski oder Snowboard, Take That oder Backstreet Boys, Arbeit oder Freizeit. Dabei wurden die einzelnen Bereiche immer spezialisierter, ausdifferenzierter und effizienter. Der Vorteil davon: Es funktionierte.

Arbeitsteilung und Expertise sind phantastisch erfolgreiche Prinzipien. Stamm A produziert besonders schnell besonders gute Pfeile, Stamm B stellt tolle Angeln her. Durch Handel und Austausch profitieren beide vom jeweils anderen und können ihre Kernkompetenzen weiter ausbauen. Die Pfeile und Angeln werden immer raffinierter, und beide Stämme können sich immer mehr davon leisten. Mehrere Jahrtausende vorgespult wurde Geld erfunden, Zünfte ein- und Devisen ausgeführt, Manufakturen und schließlich Fließbänder aufgebaut. Die Taylor'sche arbeitsteilige Gesellschaft, die eine rigide Trennung von Einheiten und eine streng lineare Arbeitsweise begünstigt, hat den größten Wohlstandssprung in der Geschichte der Menschheit ermöglicht. Zumindest in Industrieländern konnten sich immer mehr Menschen immer ausgereiftere Produkte leisten und damit ihre Freizeit genießen. Also setzte sich die Spezialisierung in Unterabteilungen und Funktionseinheiten, Einzeldisziplinen und Expertisen fort.

Womit wir bei den Nachteilen der umfassenden Kategorisierung angekommen sind: Die von Marx attestierte entfremdete Arbeit konnten wir bei unseren Eltern vor allem als Entfremdung gegenüber anderen Arbeitenden feststellen. Bei Konzernen, Mittelständlern, öffentlichen Einrichtungen, NGOs, Parteien – kurz, in nahezu allen traditionellen Organisationen werden Positionen über Funktionen besetzt. Mitarbeiter haben klarumrissene Aufgabengebiete und arbeiten in ihrer Abteilung mit Kollegen in ähnlichen Funktionen und Expertisen zusammen. Diese Funktionseinheiten befördern funktionsorientiertes Denken. Sie werden zum Filter, durch den die Mitarbeiter fortan die Welt und darin auch das eigene Unternehmen, die eigene Organisation, Institution oder Universität mit ihren anderen Abteilungen sehen. Diesen »anderen« arbeiten die Abteilungen nach klardefinierten Prozessen zu, stehen ansonsten aber räumlich und sachlich getrennt da.

In einigen Unternehmen ist vertraglich geregelt, was man innerhalb der Firma mit welchen Kollegen besprechen oder wem man von seinem Gehalt erzählen darf. Nicht nur die Arbeitsinhalte, auch die Arbeitsweisen unterscheiden sich fundamental. Und genau hier beginnen oft die Probleme, weil Mitarbeiter der einen Abteilung oder Disziplin die Vorgehensweisen und Forderungen der anderen Einheit für umständlich und stümperhaft halten. Vermutlich kann man die Grundzüge dieser Dynamik in jedem Klatschartikel zum europäischen Hochadel nachlesen. Nach außen hin – und außen ist in dem Fall schon die nächste Unterabteilung – glänzt alles schick, und man pflegt höchstens die ein oder andere schräge Marotte. Hinter den Kulissen jedoch geht es darum, wer mit wem und wer eher nicht so und warum sie damals eigentlich nicht so wie der andere, und sowieso und überhaupt. Es tobt oft ein Krieg um Büros, Budgets, Vorstandstermine oder ums Prinzip – um welches, scheint oft gar nicht wichtig, Hauptsache, man steigt am Ende als Sieger aus dem Ring.

In einem Workshop mit der Entwicklungsabteilung eines deutschen Automobilkonzerns beschäftigten wir uns gemeinsam mit der Übersetzung von Trends in Innovationsfelder und schließlich in konkrete Ideen für verschiedene Nutzer. Während des Brainstormings versuchten wir in mehreren Teams, Inspirationsfelder zu finden und bahnbrechende Ideen zu entwickeln. Plötzlich entstand in einer Gruppe jener Moment, den man aus Erfolgsgeschichten im Kino kennt: Auf einmal war sie da – DIE Idee. Wir waren aufgeregt, hatten das Gefühl, hier vereinen sich Wünschbarkeit für den Nutzer mit Skalierbarkeit für das Unternehmen: Großartig wird's, die Zukunft ist golden! Nach drei Minuten Euphorie räusperte sich jedoch der Abteilungsleiter: »Na ja, da ist wirklich Musik drin – aber für den Bereich ist unsere Abteilung nicht zuständig.« Und das war's dann. Der Vorschlag, die zuständige Abteilung mit der glorreichen Idee zu beschenken, wurde müde verlacht – schließlich wolle man ja nicht, dass dort bessere Ergebnisse erzielt würden als in der eigenen Abteilung. Sosehr wir als Idee-Idealisten frustriert und enttäuscht waren, sosehr konnten wir auch den Druck nachvollziehen, unter dem die Workshop-Teilnehmer standen. Zumindest vermittelten sie uns sehr glaubhaft, dass »die anderen« auf keinen Fall besser sein durften als sie. Wenn jeder nur auf sich schaut, hat keiner mehr den Erfolg des Gesamtunternehmens im Blick.

Liest man Stellenanzeigen, findet sich oft der Zusatz »der Bewerber bringt ein ausgeprägtes unternehmerisches Denken mit«. Womit meistens gemeint ist, dass die neue Kollegin sich bitte eigenverantwortlich für die Gesamtorganisation einsetzt. Steckt sie allerdings einmal in ihrer Funktionseinheit, geht jeglicher Anreiz dafür verloren, wird doch der persönliche Erfolg abteilungsintern bemessen und nicht danach, was man für die Gesamtorganisation tut. Speziali-sierung bedeutet immer auch, ein abgestecktes Feld zu haben, in dem man sich auskennt. Bestenfalls kennt sich sonst keiner darin aus, das erhöht den eigenen Wert und macht unabhängig. Verlässt man dieses Feld und denkt an die gemeinsame Vision, macht man sich angreifbar und vernachlässigt gegebenenfalls seine ureigenen Auf-gaben. Mitarbeiter werden zu Gegenarbeitern, stehen in Konkurrenz zueinander. Doch wer seine Ellenbogen einsetzt, kann seine Hände nicht mehr benutzen.

Organisationen und ihr Prinzip der Aufgabensegregation stoßen heute an ihre Grenzen: Zwar geht es innerhalb der einzelnen Abtei-lungen immer noch ein bisschen schneller, höher und weiter. Aber eben immer nur ein bisschen, die Bereiche sind weitgehend ausopti-miert. Und den Produktivitätsvorsprung, den einzelne Unternehmen heute herausarbeiten, holt die Konkurrenz morgen auf. Außerdem lässt sich die Welt im 21. Jahrhundert nicht mehr so hübsch auf-räumen. Ost und West sind jetzt Mitte, die Parteien irgendwie alle ökosozialliberal, evangelisch und katholisch ist ökumenisch und Karriere und Familie nicht mehr nach Männern und Frauen sortiert. Widersprüche lassen sich nicht mehr in die Schranken weisen, sie stehen offensichtlich chaotisch nebeneinander. Doch kreativ ist keine Abteilung.

Will man eine kollaborative Arbeit fördern, muss man sich zwangs-läufig auf Netzwerke einlassen, die eine hohe Eigendynamik ent-wickeln: Sie lassen sich schwer kontrollieren. Zum Glück: Macht-ausübung im Sinne einer Kontrolle wäre absolut kontraproduktiv. Netzwerkarbeit und Kollaboration heißt eben nicht nur, dass man Leute aufeinandertreffen und miteinander reden lässt – sondern den hier generierten Output offenhält und Raum und Zeit für Weiterent-wicklung zur Verfügung stellt. Diese kollaborative Arbeit muss sich zwangsläufig jenseits von Kontrolle entwickeln – das heißt auch jen-seits gängiger Machtstrukturen. Dic schwierige Aufgabe lautet also,

Kontrolle und Macht, aber auch Planung und Steuerung abzugeben. Die Lehre von Kategorien und Schubladen, von einfachen, klaren Problemen und Lösungen mag moralischer Natur sein, sie mag einer tiefen Sehnsucht nach Sortierung entsprechen, aber sie passt nicht mehr mit der komplex vernetzten und multikausalen Welt von heute zusammen.

Außer ordentliche Arbeit

Während sich die Freitagswelt also mit Konkurrenz, Kontrolle und Funktionseinheiten selbst im Wege steht und den selbstauferlegten Innovationszwang nicht bedienen kann, wächst eine Generation heran und drängt auf den Arbeitsmarkt, die eine kollaborative, projektorientierte und kreative Arbeitsweise sucht. Sie will nicht in den Strukturen der Freitagswelt arbeiten, sie will eine neue Arbeit.

Wenn es um wirklich neue Formen der Arbeit geht, geht es automatisch um Innovation. Und damit kennen wir uns inzwischen aus: Innovation braucht mehr als eine Methode. Sie braucht eine ganze Kultur. Bei Dark Horse haben wir deshalb Design Thinking für uns umgedeutet und sprechen von einer »Designifizierung«. Dabei ist nicht die Formgestaltung, eine Ästhetisierung der Welt, gemeint. Es geht nicht darum, alles schön und hübsch zu machen, sondern sinnvoll zu gestalten. Es geht darum, Strukturen, Kulturen, Situationen, Räume, Identitäten oder Prozesse danach zu befragen: Kann ich das gestalten? Wer braucht eigentlich was? Warum nicht mal anders? Warum muss etwas bleiben, wie es ist, und warum ist es überhaupt, wie es ist? Das ständige why unserer Generation ist unser Name, unser Antrieb, unser Zweifel und Mut. Für uns bei Dark Horse war das gemeinsame Design-Thinking-Studium der Anstoß, unsere Arbeit neu zu denken und der Arbeitswelt fortan mit unbedingtem Gestaltungswillen entgegenzutreten. Designifizierung ist für uns kein bloßer Prozess, sie ist eine Haltung.

Hinterfragen, basteln, gestalten, scheitern und wieder von vorn. Diese Art der Weltaneignung ist eine, die der Generation Y nicht ganz fremd ist. Denn wir Wohlstandskinder durften früh vieles ausprobieren: Eltern-Kind-Turnen, musikalische Früherziehung, Lesewettbewerb, Kinderzirkus, Schultheater, Yps-Heft. Später reiten, kicken, geigen, malen, zocken. Unsere Eltern hängten tapfer unsere Kunstwerke an der Küchentür auf, beklatschten unsere Klavierver-gehen und feuerten uns in der F-Liga von der Seitenlinie aus an. Wir wurden gierig nach Feedback, und wenn uns etwas nicht gefiel, ließen wir es schnell wieder bleiben und probierten etwas Neues aus. Wir entwickelten ein enormes Selbstbewusstsein und hatten damit schon alles erreicht. Als Teenager entließen unsere Familien uns in die Welt, auf dass wir sie erkundeten – im geschützten Rahmen selbstverständlich. Im Jugendlager heckten wir die besten Strategien zum nächtlichen Zeltwechsel aus, und im Schüleraustausch ent-deckten wir, dass Völkerverständigung auch nonverbal bestens funktioniert. Beim Schülerpraktikum lernten wir, wie schön das Leben ohne Hausaufgaben sein konnte – und wie anstrengend. Unser erster Nebenjob lehrte uns, dass man sich als Briefeintüter »Erfahrungen im Logistikbereich« in den Lebenslauf schreiben konnte. Auf dem Weg zu uns selbst, war unseren Eltern keine Kurve zu viel. Hauptsache, wir entdeckten unsere Leidenschaften und entfalteten unsere Talente – bis zur Deadline Abitur. Beim Ernst des Lebens hörte der Spaß nämlich auf. All unsere Aktivitäten waren an eine Auflage gebunden: Die Schule durfte nicht darunter leiden. Schließlich sollten wir später mal »was Ordentliches« machen können.

Mit der Ordnung ist das aber so eine Sache. Sie ist immer schon vor uns da und versperrt uns dann die Sicht. Wir wollen aber lieber erst mal selber gucken. Und mit dem Glotzen kennen wir uns bes-tens aus: In unserer Jugend erlaubten uns Reality-TV-Formate und Nachmittagstalkshows, einen ersten Blick in fremde Wohnzimmer und seelische Abgründe zu werfen. Seit wir einen signifikanten Teil unserer Zeit in sozialen Netzwerken verbringen, ist eine primitive Form der qualitativen Recherche quasi unser liebstes Hobby. Wenn wir wollen, können wir mitverfolgen, was fremde Menschen essen, wie sie sich einrichten, wie sie reisen, was sie lesen, hören, kaufen, tragen und was andere Fremde darüber denken. Wir sind bei den Hochzeiten entfernter »Freunde« dabei, ebenso wie auf der anschließenden Traumreise der Frischvermählten. Manche Bekannte zeigt gar jedem, der ihn sehen möchte (und auch allen anderen), ihren Uterus, wenn sie Ultraschallbilder ihrer ungeborenen Kinder postet.

Gleichzeitig wissen wir, dass auf dieser Vorderbühne jeder immer nur das beste Bild von sich und seinem tollen Leben präsentiert. In schwachen Momenten, wenn unser Innenbild nicht dem allseits präsentierten Fremdbild entspricht, kann uns das noch schwächer machen. Irgendjemand hat in einem Gebiet immer die Nase vorne und lässt uns an unseren eigenen Entscheidungen zweifeln. Vielleicht machen wir doch noch mal was ganz anderes? Vielleicht sollten wir mal dieses Rezept, jenes Urlaubsziel, diesen Beruf oder jenen Lebenspartner ausprobieren und uns und unser Leben morgen neu erfinden? Hauptsache wir haben kein langweiliges Leben. Im Allgemeinen macht uns die ständige Nabelschau aber vor allem zu versierten Nabelschauern bei uns selbst und anderen. Wir sind profilierte Identitätsgestalter und andauernde Autobiographen. Unser Ich ist flexibel und nach Internetplattformen modularisiert. Unsere Subjektzentriertheit ist einer der Punkte, der in der Freitags-Arbeitswelt, in der die Organisation und nicht der Mitarbeiter im Mittelpunkt steht, am heftigsten kritisiert wird. Die andere Seite der Medaille ist unsere enorme Wertschätzung für alles, was ganzheitlich und authentisch ist.

Gerade weil wir wissen, dass Medien – auch soziale und selbstgestaltete – immer nur einen Ausschnitt der Realität zeigen, schätzen wir die volle Packung Wirklichkeit. Wir bewundern Menschen, die sich trauen, nicht ironisch und damit angreifbar durchs Leben zu gehen, verachten aber diejenigen, die keinen Sinn für popkulturelle Zwischentöne haben. Die Crux an unserer individualisierten Selbstdarstellung ist, dass sie zwingend auf andere als Mitgestalter angewiesen ist. Das Foto, das keiner sieht, der Kommentar, den keiner weiterverbreitet, das Video, das keiner lustig findet – geschenkt. Weil unsere Medien sozial und allgegenwärtig sind, gilt die Aufmerksamkeitsökonomie. Du bist, was du klickst. Diejenigen, die die spannendsten, schönsten, relevantesten Inhalte teilen und die besten Tipps parat haben, genießen hohes Ansehen mit vielen Mitlesern und Zuschauern. Wissen ist dazu da, geteilt zu werden, Fremde sind potentielle Freunde. Auch diese Haltung stößt in der hermetisch abgeriegelten und misstrauischen Freitagswelt auf Unverständnis. Facebook, Instagram, Twitter und Co. haben unser Verständnis von Privatheit verändert. Das Leben der anderen ist näher an unser eigenes gerückt. Wir können die Sessel, Strände, Partys und Pisten, auf denen sich unsere Freunde und follower bewegen, ranzoomen.

Diese Zoom-Mentalität zeigt sich sogar an den Bildern, die wir hochladen und betrachten: Die Totale ist out, das Selfie in Nahaufnahme in. Dies entspricht auch unserem allgemeinen Weltverständnis. Gestaltungsspielräume sind uns enorm wichtig, und zwar im Rahmen konkreter Projekte, die wir überblicken können. Wir sind zwar leidenschaftliche Teamplayer, aber unser eigener Beitrag zur Erreichung eines Ziels muss für uns noch unmittelbar spürbar sein. Große, abstrakte Politik oder umwälzende Reformen sind uns fremd, wir konzentrieren uns lieber auf kleine Schritte, die prüf- und erlebbar sind. Und zwar am liebsten sofort.

Weil die Zukunft noch unberechenbarer geworden ist, als sie ohnehin schon immer war, machen wir uns lieber aktiv daran, sie zu gestalten, anstatt uns darauf zu verlassen, dass andere es für uns tun. Uns ist bewusst, dass es auf die komplexen Herausforderungen unserer Zeit keine simplen Antworten gibt und wir trotzdem irgendwo anfangen müssen, etwas zu tun. Atomstrom ist riskant, Kohle wandelt das Klima, Windräder sehen doof aus, und für Solarstrom scheint ja heutzutage nicht mehr genug Sonne. Wir fahren erst mal weiter Fahrrad und machen brav das Licht aus, wenn wir aus dem Zimmer gehen. Wir glauben nicht mehr an Ideologien und ihre Illusion von Einfachheit. Wir sind in größter materieller Sicherheit aufgewachsen, während gleichzeitig immer überall eine Katastrophe lauerte. Kaum sind wir knapp dem Tod durch Rinderwahn entronnen, kommt die Schweine- oder wahlweise Vogelgrippe ums Eck. Uns geht es derweil so gut, dass wir ständig Rückenschmerzen haben oder intolerant gegenüber Laktose werden. Ob die Welt untergehen soll, weil das Jahrtausend wechselt oder ein jahrtausendealter Inkakalender es prophezeit, ist uns egal.

Das jüngere Ende der Generation Y nennt das nicht mehr carpe diem, weil das schwieriges Latein ist, sondern YOLO für You only live once. Wir haben keine Angst vor großen Veränderungen und sehen Instabilität eher als Chance, etwas Verrücktes auszuprobieren, denn als Bedrohung. Die Zusammenhänge sind unüberschaubar, und Gefahren sind bestenfalls diffus. Aber das heißt für uns noch lange nicht, dass wir die Welt nicht ein kleines bisschen besser machen können. Unsere biedere Konzentration auf das eigene Lebensumfeld und unsere Gier nach schnellem Feedback sind weitere Punkte, die in der Freitagswelt Kopfschütteln auslösen. Dabei ist das die Grundvoraussetzung für gutes Zusammenarbeiten.

Nach der Oscarverleihung 2014 verbreitete sich ein Gruppenbild, das eine Reihe von Hollywoodstars von sich selbst knipste, im Internet und fand zahlreiche Nachahmer. Wir finden das Gruppenselfie taugt zu viel mehr als zur Vermarktung eines Smartphones, wozu es in diesem Fall tatsächlich genutzt wurde. Das Gruppenselfie ist ein Symbol für unsere Zeit: Gemeinsamer Selbstfokus. Durch ihre Trennung von Arbeit und Leben haben unsere Eltern uns, der verwöhnten Generation Y, von klein auf ein Leben mit viel Zeit für uns und unsere Freunde ermöglicht. Dieses Erbe tragen wir nun konsequenterweise in die Arbeitswelt: Wir wollen individuelle Selbstbestimmtheit und gleichzeitig stabile Kooperation.

Designifizierung hat das Potential, für die Wissensgesellschaft das zu werden, was das Fließband für die Industrialisierung war. Allerdings nur, wenn es die Logik des Industriezeitalters überwinden darf. Denken lässt sich nicht vom Fließband, Kopf und Hände sind keine Maschinen. Wissensarbeit lässt sich nicht standardisieren, schrittweise abarbeiten und managen. Um wirkliche Zusammenarbeit in einer globalen Wissensgesellschaft zu ermöglichen, muss die gesamte Arbeitsweise und -kultur und -struktur neu gedacht werden. Zumindest wenn man's ernst meint mit der neuen Arbeitswelt. Bei jeder guten Gestaltung müssen die Nutzer von Anfang an mit einbezogen werden und kontinuierlich die Möglichkeit zur Veränderung haben. Die Nutzer einer Organisation oder Arbeitsstruktur sind Kunden, Auftraggeber, Partner und vor allem und immer wieder sämtliche Mitarbeiter. Du und ich. Und er und sie auch. Für sie und mit ihnen muss eine Struktur entstehen, die durch einen allgemeinen Rahmen gefestigt ist, innerhalb dessen es jedoch Raum für Wandel gibt. Bei Dark Horse ist unsere Arbeitsweise deshalb auf eine kontinuierliche Weiterentwicklung angelegt. Was ist denn schon perfekt? Auch eine nahezu perfekte Lösung ist nicht zukunftsfähig – denn die Welt wird sich verändern.

Daher unterliegt alles einer ständigen Prüfung, ob die Verfahren und Tools, die wir benutzen, immer noch den Sinn erfüllen, für den wir sie eingeführt haben. Das ständige Überprüfen, das bei dem einen oder anderen möglicherweise dystopische Bilder einer stressigen Existenz des nunmehr flexiblen Menschen[9] hervorruft, ist letzten Endes ein Spiel. Wir basteln. Wir basteln nicht nur Produkte und Prototypen, sondern auch unsere Organisationsstruktur und die Instrumente, die

---

9 Richard Sennet: *Der flexible Mensch. Die Kultur des neuen Kapitalismus*, Berlin 1998.

es braucht, diese aufrechtzuerhalten. Der stete Wandel muss nicht im Sinne eines turbokapitalistischen »Höher, weiter, schneller« begriffen werden, sondern als Möglichkeit, wieder in den Sandkasten zu gehen. Der Spieler, der Bastler, der Innovator oder Kreative kann eine exzentrische Position zum Status quo einnehmen und über eine rein oppositionelle Haltung hinaus Situationen, Prozesse und Produkte neu gestalten. Die Kunst, Systeme zu gestalten, lässt sich erlernen.

Für uns ist das die konsequente Selbstgestaltung unserer Organisation. Wir setzen uns selbst mit all unseren widersprüchlichen Bedürfnissen in den Mittelpunkt. Denn wenn man einen Widerspruch überwunden hat, kann man sicher sein, dass man es mit einer Innovation zu tun hat. Wir wollen den uralten Widerspruch zwischen individuellen Bedürfnissen und gemeinschaftlicher Vision gestalten.

Deshalb war die Frage, vor der wir standen, als wir Dark Horse ins Leben riefen, wie wir unsere Arbeit so organisieren können, dass wir langfristig innovativ und glücklich bleiben können. Wie können wir Arbeit so individuell, kooperativ und iterativ gestalten, dass wir dauerhaft sinnvolle Produkte und Services entwickeln können und uns als Mitglieder der Generation Y auf den Montagmorgen freuen? Wie können wir die Arbeit selbst designifizieren?

GEMEINSAMSTÄNDIGKEIT

Drum prüfe, wer sich eh nicht bindet

L iebe geht durch den Magen. Essen aber auch. Regelmäßig vereinen wir Sympathie und Kulinarisches und laden Freunde des Hauses und solche, die es werden könnten, zu geselligen Abenden in unser Büro ein. Unsere Freundin und Konzeptköchin Johanna Barnbeck sorgt für ein zauberhaftes Menü, die Gäste sind für Aufessen, Trinken und die interessanten Gespräche zuständig.

Folgende Situation: Bei unserem letzten »Meet & Feed« gab es gedämpfte, mit Gemüse gefüllte Mini-Maultaschen zur Vorspeise. Als Monika ihrem Sitznachbarn Karl, Gruppenleiter bei einem Mittelständler für Medizintechnik, erzählte, wie sie vergangenes Jahr in Indien gelernt habe, ähnliche Teigtäschchen selbst zuzubereiten, reagierte Karl mit Verwunderung. »Habe ich das eben richtig verstanden? Du warst mehrere Monate im Himalaya?« – »Ja, genau«, setzte Monika wieder an. »Ich habe dort an einem Schulnetzwerk mit Lehrern und Schülern Design Thinking gemacht.« – »Ach so. Das war ein Dark-Horse-Projekt. Ich dachte schon, du warst einfach so am anderen Ende der Welt.« – »Nein. Also ja«, versuchte Monika zu erklären. »Genau genommen war das tatsächlich kein Dark-Horse-Projekt. Ich habe mir das selbst organisiert und war dort nicht im Auftrag unserer Firma. Aber natürlich konnte ich viel von dem, was ich hier gelernt habe, dort anwenden.« – »Und deine Kollegen hier haben dich einfach so ziehen lassen? Ich meine, da könnte ja jeder kommen!«, hakte Karl nach.

Richtig. Bei uns kann jeder kommen, wie er möchte, und jede gehen, wie sie möchte. Auch wenn Monika nicht direkt von Dark Horse für ihren Einsatz im Himalaya beauftragt war, war sie trotzdem immer noch Teil der Firma. »Jetzt habe ich den Faden verloren«, gab Karl verwirrt zu. »Du warst nicht für Dark Horse in Indien, aber doch mit Dark Horse? Mit Verlaub: Du hast deine Mitgründer einfach sitzenlassen und hast das, was du dir im Rahmen deiner Arbeit für Dark Horse angeeignet hast, einfach woanders eingesetzt. Ich dachte, ihr seid so gemeinschaftlich drauf?«

Mit dem Loyalsein ist es ein wenig wie mit dem Rauchen: Wer es ernst nimmt, muss regelmäßig und auf Dauer dabeibleiben. Einmal an einer Zigarette ziehen macht noch keinen Raucher. Früher war Rauchen und Immer-nur-einem-Arbeitgeber-loyal-sein allgegenwärtig, heute wirkt es irgendwie putzig antiquiert. Nicht mehr ganz zeitgemäß. Etwas für Typen wie Helmut Schmidt und Don Draper. Es gibt auch deshalb immer weniger Raucher, weil die Risiken und Nebenwirkungen von Nikotin und Tabakgenuss immer besser erforscht sind. Aber was um Himmels willen ist mit der Loyalität passiert? Wo ist sie hin? Ist sie verschwunden oder nur woanders? Hat sie vielleicht nur geheiratet und trägt jetzt einen anderen Namen? Oder ist Loyalität womöglich auch gesundheitsgefährdend?

In der gestrigen Freitagswelt sah der gängige Deal eine Aufteilung von Sicherheit und Gewinnbeteiligung vor. Da gibt es auf der einen Seite diejenigen, die Arbeit nehmen und trotzdem Arbeitgeber heißen, weil sie denen auf der anderen Seite Geld für ihre Arbeit geben. Um sein Produkt erfolgreich zu machen, braucht ein Unternehmer Arbeitskraft. Die holt er sich entweder projektbezogen von Freelancern, oder er stellt sich dauerhaft Mitarbeiter an – mit Mengenrabatt auf das Produkt Arbeit. Die Angestellten geben ihm wöchentlich 38,5 Stunden ihrer Zeit, Kraft, Kompetenz und ihres Know-hows und bekommen dafür jeden Monat eine festgelegte Summe auf ihr Konto überwiesen. Sie verlangen kein allzu großes Mitspracherecht über unternehmerische Entscheidungen und keinen Anteil an den Gewinnen, die der Unternehmer mit Hilfe ihrer Arbeit erwirtschaftet. Das finanzielle Risiko liegt voll beim Arbeitgeber. Alles, was die Angestellten verlangen, ist ein regelmäßiges Auskommen und ein pünktliches Wegkommen. Arbeitgeber wie Arbeitnehmer können verlässlich planen und wissen, woran sie sind. Man kennt sich schließlich. Monat für Monat ein Geben und Nehmen, Jahr für Jahr ein bisschen mehr: Mehr Verantwortung für die Unternehmensziele und für andere Angestellte gegen mehr Lohn, ein größeres Büro und eine höhere Buchungsklasse bei Dienstreisen. Absehbar, planbar, verlässlich. Keine Beförderung ohne Fortbildung, kein neuer Titel ohne Training. Neben solchen expliziten Regeln wimmelt es auf dem Karrierepfad vor impliziten Verhaltensfallen. Wer gegen diese Codes verstößt, hat es schwer.

Thomas Sattelberger, Ex-Personalvorstand der Deutschen Telekom, wurde vom Personalmagazin fünf Mal zu den führenden Köpfen im Personalwesen gezählt. Er erzählte uns, wie er sich beinahe für einen Vorstandsposten bei einem vorherigen Arbeitgeber disqualifiziert hätte: Er wurde dabei gesehen, wie er über den Hof rannte, um vom Regen nicht nass zu werden. Für ein so hochrangiges Mitglied der feinen Gesellschaft geziemte sich nur ein zwar dynamischer, jedoch immer gemäßigter Gang. Hält man sich an die Unternehmenssitten, führt einen die Karriereleiter zuverlässig von der PVC- über die Teppich- in die Parkettetage. Semper fidelis, bis dass die Rente uns scheidet. Das Karrieremodell Einbahnstraße hat den großen Vorteil, dass man tatsächlich schnell und sicher ans Ziel kommen kann. Schwierig wird es erst, wenn die eine verfügbare Fahrspur blockiert ist. Oder wenn man aus reiner Fahrfreude unterwegs ist und das Ziel noch gar nicht feststeht.

Arbeitgeber erwarten von ihren Angestellten nicht nur einen angemessenen Arbeitseinsatz, sondern auch, dass sie sich mit dem Unternehmen identifizieren. Loyalität bezieht sich per definitionem auf übergeordnete gemeinsame Ziele und Werte. Gute Mitarbeiter brennen für ihre Firma und sprechen gut oder zumindest nicht schlecht über sie. Kooperation und Einsatz nach innen, Abschottung und Konkurrenz zu anderen nach außen. In der Freitagswelt werden diese Werte allzu oft verordnet und Mitarbeiter dazu verpflichtet, sich für vorgegebene Ziele einzusetzen. Erzwungene Loyalität ist aber wie gesundes Rauchen: Geht nicht. Trotzdem so zu tun als ob, macht die Langzeitfolgen umso auffälliger. Das Marktforschungsinstitut Gallup veröffentlicht jährlich eine Studie zum Engagement Index[10], zur emotionalen Bindung an den Arbeitsplatz. 2013 ist der Anteil derjenigen, die innerlich schon gekündigt haben, erstmals gesunken – auf immer noch hohe 17 Prozent. Nur 16 Prozent fühlten sich dem Unternehmen emotional verbunden. Die persönliche Weiterentwicklung im Job beschränkt sich in einem solchen Fall darauf, ein perfekter Marketingchef der eigenen Leistung zu werden. Mit wenig Aufwand das Bild aufrechterhalten, dass man intensiv, bestmöglich und treu seine Aufgaben erledigt. Das hat nicht nur Auswirkungen auf die Glückseligkeit der Mitarbeiter, die einen Großteil ihres Alltags unwillig und unmotiviert bei der Arbeit verbringen, sondern auch auf die Wettbewerbsfähigkeit des Unternehmens. Ach ja – und die Volkswirtschaft leidet zudem unter geringerer Produktivität und steigendem Krankenstand. Somit ist weder das Individuum noch das Unternehmen, noch die Gemeinschaft zukunftsfähig. Eine Lose-lose-lose-Situation also. Ach herrjemine.

Die meisten nörgeln über ihre Situation, ändern aber nichts an ihrer Lage. Anders ist es bei jungen Mitarbeitern, die tatsächlich häufiger kündigen. Wenn Nachwuchskräfte in ihrem Job unzufrieden sind, suchen sie sich schnell einen neuen. Die Konzerne verzweifeln über diesem Wankelmut und prangern die Unzuverlässigkeit der Generation Y an: Da bildet man das Jungvolk aufwendig aus, und dann erdreisten sie sich, ihre teuer antrainierten Fähigkeiten bei der Konkurrenz einzusetzen. Illoyal bis zum Gehtnichtmehr! Das alte Modell der langfristigen monogamen Ehe zwischen Konzern und Karrieremenschen funktioniert offensichtlich nicht mehr. Allerdings klingen die klagenden Arbeitgeber wie Ehemänner, die über ihre untreuen Frauen jammern, sich selbst jedoch gut und gerne in fremden Betten vergnügen. Wer eine offene Beziehung fordert, darf sich nicht

---

10 www.bit.ly/1lNQlVA, (30.07.2014).

wundern, wenn der Partner einwilligt. Wenn ich mich mit meinem Verein, meinem Partner oder meinem Unternehmen gemeinmache, erwarte ich im Gegenzug genauso viel Loyalität, wie von mir eingefordert wurde.

In den letzten Jahren wurde vielen Arbeitnehmern in Deutschland klar, dass Unternehmen trotz allem schönen Schein in erster Linie Kapitalmaximierungs-Anstalten sind, die vor allem knallhart kalkulieren. Jahrelang waren die Wirtschaftsnachrichten voll von Berichten über Outsourcing in Niedriglohnländer, Billigjobs, Kündigungswellen, Massenentlassungen, Leiharbeitsfirmen und Zwangsversetzungen. Auf der nächsten Seite lesen diese Arbeiter und Angestellten von Shareholder Value Optimization und schwindelerregend hohen Managerboni. Viele Unternehmen haben ihre wirtschaftlichen Risiken auf ihre Angestellten zurückverlagert und damit den oben beschriebenen Deal zwischen Sicherheit und Risiko gebrochen. In England gibt es schon einen Trend zum Null-Stunden-Vertrag[11]. Arbeitnehmer verpflichten sich, auf Zuruf und exklusiv für ihren Arbeitgeber zu arbeiten, der wiederum keinerlei verbindliche Abnahme von Arbeit garantiert.

Die indirekte Erfahrung, die die Generation Y mit dem lebenslangen Deal zwischen Arbeitgeber und -nehmer gemacht hat, war bislang vornehmlich enttäuschend. Wir haben gelernt, dass Arbeitgeber Dealbreaker sind. Man könnte uns vorwerfen, dies sei eine Kritik von und für junge Menschen, die noch nicht Verantwortung für Haus, Hof und Kind übernehmen. Stimmt schon, dann fragen wir uns allerdings, was mit der Alternative passiert ist. Wenn es denn noch stimmen würde, dass man im Falle einer Anstellung einen unbefristeten Vertrag bekommt, gute Aufstiegsmöglichkeiten und eine sichere Rente – dann kann das durchaus ein attraktives Modell sein. Doch wir haben unsere Väter und Mütter vor lauter Arbeit entweder

---

11 bit.ly/1oBH1ZN, (09.07.2014).

gar nicht oder sie ihre Arbeit verlieren sehen. Arbeitgeber verlangen Flexibilität, bieten jedoch nicht länger Stabilität.

Der flexible Mensch schlägt zurück

Flexibilität versus Stabilität – ein tiefer Graben, der sich auch durch die Generation Y zieht. Die Bedürfnislage der Generation Y lässt sich nicht so leicht über einen Kamm scheren, wie es die verkürzten Abhandlungen diverser Magazinartikel vermuten lassen. Mal ganz davon abgesehen, dass die Kategorisierung von Menschen in Generationen, Kohorten und Zielgruppen häufig individuelle Bedürfnislagen durch das sorgfältig definierte Raster fallen lässt, zeigt sich in der Generation Y eine extreme Spaltung. Wir sind eine spießige, zaudernde Generation mit einer ausgewachsenen Risikoaversion. Wir wollen Sicherheit, planen, nicht ständig den Wohnort wechseln und auch nicht dauernd auf Businessreisen gehen. Wir möchten zumindest so viel Geld verdienen, dass wir selbst bestimmen können, womit wir unsere Freizeit aufhübschen. Das ist eine überaus verständliche Reaktion auf die omnipräsente Globalisierungstendenz, eine sinnvolle Verweigerung, sich auf solche Anforderungen des Arbeitsmarktes einzulassen, die auf eine ständige Verfügbarkeit und flexible Wandelbarkeit der Arbeitskraft abzielen. Auf der anderen Seite sind wir Selbstverwirklicher, die monetäre Vergütung nicht als primäres Ziel der Arbeit verstehen, sondern sinnvolle Tätigkeiten, Gestaltungsmöglichkeiten und kreativen Output. Wir wollen viel reisen, in wechselnden Projekten arbeiten, mögen die damit einhergehende Unabhängigkeit von festen Orten und Zeiten und bestehen auf Mitbestimmung im Unternehmen. Wir wechseln ständig unseren Arbeitsplatz, haben tausend Projekte parallel am Laufen und legen uns ungern fest. Heute hier, morgen dort. Ganz schön bescheuert?

DER FLEXIBLE MENSCH
SCHLÄGT ZURÜCK.

Ganz schön clever! Unsere Sicherheit rührt nicht länger daher, dass wir uns ganz in die Hände eines fortan für uns sorgenden Konzerns begeben. »Tun die ja eh nicht!«, denken wir und sind gar nicht erst so naiv, den leeren Versprechungen lebenslanger Treue zu glauben. Sicherheit bedeutet für uns, dass wir uns selbst um uns kümmern und uns ein solidarisches Netz bauen, das sich im Zweifel um uns kümmert. Wir hangeln uns nicht auf der linearen Karriereleiter vertikal durch das Organigramm, sondern bauen uns bunte Mosaikkarrieren. Die einzelnen Teile mögen aussehen wie unzusammenhängende Splitter, aber wenn man einen Schritt zurückgeht, sieht man ein schillerndes Gesamtbild. Wir wollen weiterlernen, fordern Feedback und vielfältige Möglichkeiten. Wir wollen nicht warten, bis wir in zehn Jahren »etwas werden«; wir sorgen lieber dafür, dass wir heute schon wer sind.

Der ständige und einfache Zugang zu Wissen und kulturellen Produkten via Smartphone, macht uns ortsunabhängig zu Alleswissern, Alleshabern. Dadurch wird gleichzeitig die Frage drängender, welches Wissen und welches Produkt in all dem Überfluss für jeden Einzelnen individuell wichtig ist. Die gesteigerte Selbstaufmerksamkeit macht Individualität zur Lebensaufgabe. Die Feuilletons beschwören das omnipräsente I in iPhone, iPad und Individualisierung, und betrachten Selfies als ein Zeichen für den Rückzug ins Reich des Ich-Mir-Mich. Eine einzige konsistente Identität – warum nicht gestaltbar bleiben, ein Patchwork aus Verhaltensweisen und Glaubenssätzen? Generation why not. Klar, als junge Generation müssen wir unsere Prioritäten und Loyalitäten erst noch sortieren – dass wir damit je fertig werden ist jedoch recht unwahrscheinlich. Individuelle Lebensentwürfe strapazieren das vormals unbefristet loyale Arbeitsverhältnis. Wir Montagsmenschen haben ein ausgeprägtes Unwohlsein mit lebenslangem Commitment. Uns wird Bindungsunfähigkeit vorgeworfen, und das ganz besonders, wenn es um Arbeit geht.

Neulich rief uns eine Freundin an, die gerade einen neuen Job angenommen hatte: »Ich habe einen Fünf-Jahres-Vertrag. Na ja, zur Not kann ich ja kündigen.« Gleichzeitig kommt es uns absurd vor, zehn Jahre auf die passende Beförderung zu warten, um dann endlich Verantwortung übernehmen zu können. War Flexibilität früher ein Kampfbegriff der Kapitalismuskritik, so hat sie die neue Generation als Motor für eine neue Arbeitswelt verinnerlicht. Nicht Stabilität, sondern Wandel geben uns heute Sicherheit. Wenn es hier um Loyalität geht, hält der Mensch von morgen in erster Linie sich selbst die Treue. Unsere Sicherheit ist arbeitsimmanent, nicht arbeitgebergebunden. Nicht nur das lebenslange Arbeitsangebot hat sich gewandelt, auch die Nachfrage danach flaut ab. Der flexible Mensch schlägt zurück.

Doch wenn von nun an alle nur noch an sich und ihr Smartphone denken, nur noch für das Jetzt Verantwortung übernehmen und nicht für das Morgen – welche Gemeinschaften und gemeinsamen Projekte wird es dann geben? Viele! Starke! Der Fokus auf Individualität ist nicht misszuverstehen: Wir wollen frei, flexibel und vernetzt arbeiten. Neben den Trend der Individualisierung gesellt sich nämlich auch der weitaus geselligere Trend der Vernetzung. Hervorragend in Social Media geschult, drängt eine Generation auf den Arbeitsmarkt, die Kommunikation als Lieblingsspielzeug im Skill-Portfolio trägt und ganz genau die Freunde unter den Facebook-Freunden zu finden weiß. Dass sich eine ganze Familie eine Telefonnummer teilt, ist für Digital Natives ebenso erstaunlich, wie der transparente Austausch von Wissen selbstverständlich ist. Individuell und doch zusammen ist eine Entwicklung, die wir gerade im Freiberuflermekka Berlin tagtäglich beobachten können.

In unserem Freundes- und Bekanntenkreis tummelt sich eine Vielzahl an Freiberuflern, denen ihre Selbstbestimmung über alles geht und die sich dennoch immer mehr zusammenschließen. Sie organisieren sich in Meet-ups, lernen sich im Co-Working Space kennen, vernetzen sich und empfehlen sich weiter. In ihrem bereits zehn Jahre alten, aber unverändert aktuellen und klugen Buch *Wir nennen es Arbeit* [12] zeichnen Sascha Lobo und Holm Friebe ein Bild der digitalen Bohème, die sich ihre eigenen Arbeitsprinzipien, Wirkungsstätten und Netzwerke aufbaut und gängige Arbeitsverhältnisse in Frage stellt.

Die Entscheidung, sich der gängigen Struktur zu entziehen und Freiberufler zu werden, ist häufig eine Bewegung aus der Negation heraus: Es ist nicht immer eine Entscheidung für das Freelancertum, sondern häufig eine Entscheidung gegen die Anstellung. Selbstbestimmung ist die primäre Motivation, die Verfügung über eigene Zeit, die Identifikation mit und Neudefinition der eigenen Leistung. Gleichzeitig reflektiert die digitale Bohème ihr Wirken im Zusammenhang mit anderen und lässt neue Kollektivstrukturen entstehen, die jenseits der klassischen Arbeitsorganisation Bestand haben und gleichzeitig neue Schnittstellen zu ihr herstellen. Ein selbstbestimmtes Leben findet die digitale Bohème in der Arbeit. Hier wird Life und Work nicht balanciert, sondern das eine klar über das andere definiert. Ein zufriedenes Leben durch Produktivität, Gestaltung und Mut. Die Generation Y wird als postideologisch bezeichnet – eine Generation, die sich nicht länger der einen großen Idee verpflichtet fühlt und weder Gott noch dem Vaterland die Treue hält. Aber eben auch nicht nur sich selbst. Zwischen der ganzen Globalisierung, dem Alles-ist-möglich und Jeder-ist-immer-zu-erreichen entsteht gleichzeitig ein Rückzug in überschaubare Verhältnisse. Es gilt, neue Strukturen zu finden, die flexibel auf die Lebensumstände Einzelner reagieren und gleichzeitig gemeinsame Arbeit möglich machen.

---

12 Holm Friebe, Sascha Lobo: *Wir nennen es Arbeit – die digitale Bohème oder Intelligentes Leben jenseits der Festanstellung,* München 2006.

Wahlfamilienunternehmen

2010 wurden wir von Dark Horse als Kultur- und Kreativpiloten Deutschlands ausgezeichnet. Dieser Preis wird im Namen der Bundesregierung einmal jährlich an je zwei Kreativunternehmen aus jedem Bundesland verliehen. Ein Teil des Preises besteht in der individuellen Beratung durch erfahrene Organisationsberater, die uns ihre Eindrücke von unserem Experiment mitgaben. Sie prognostizierten uns, dass unsere Wünsche nach individuellem Wandel und dauerhaftem Kollektiv immer im Widerspruch zueinander stehen würden, sofern wir uns wie ein normales Unternehmen organisierten. Im Spannungsfeld zwischen wirtschaftlichen Anforderungen von außen und sozialen Interessen intern drohten Konflikte: »Ihr verdient Geld mit dem, was ihr macht! Zugleich seid ihr aber eine sehr spezielle Gemeinschaft, ein Kollektiv, und könnt euch nicht wie ein klassisches Unternehmen organisieren. Daraus könnten sich Schwierigkeiten ergeben.« Mit der Nase auf unseren wunden Punkt gestoßen, taten wir, was wir nun mal so tun, wenn wir ein Problem lösen wollen: Wir versuchten, uns erst einmal von gängigen Kategorien zu lösen, spürten Nutzer auf und fahndeten nach Analogien, die wir auf den Problembereich übertragen können. Wir haben also unsere schöne, neue Literatur zur geschmeidigen Gründung in die Ecke gelegt und uns auf die Suche nach Modellen gemacht, bei denen ein individueller Lebensentwurf mit gemeinschaftlichen Verpflichtungen gut in Einklang gebracht werden kann. Wir wollten stabile Organisationen mit mobilen Menschen kennen- und verstehen lernen.

Unsere Recherche führte uns zu israelischen Kibbuzim, Kreuzberger Kommunen und schließlich zu bayerischen Klöstern. Wir fanden heraus, dass das Wort Mönch vom griechischen »monachos« kommt und ursprünglich »einer, der alleine lebt« bedeutet hat. Wir wussten zwar, dass es auch Einsiedlermönche gibt, in unserer Wahrnehmung lebte die überwiegende Mehrheit der Mönche aller Religionen jedoch in einem Orden, einem Kloster, einer geistlichen Gemeinschaft.

Ha – ein Widerspruch! Wir wurden neugierig. Der Celebrity-Mönch Anselm Grün, Benediktinerpater und damals wirtschaftlicher Leiter der Abtei Münsterschwarzach, und Anselm Bilgri, ehemaliger Prior des Kloster Andechs, nahmen sich Zeit für ein Gespräch. Sie erzählten uns, wie Klöster als Betriebe und Gemeinschaft funktionieren: Klöster verkaufen Lebensmittel, Bücher, Kunst, Blumen oder Unterkünfte und sind dadurch wirtschaftliche Unternehmen, die sich finanziell selbst tragen müssen.

Das Kloster Andechs beispielsweise beschäftigt über 200 Mitarbeiter. Es betreibt eine hauseigene Brauerei, die das bekannte Andechser Klosterbräu herstellt und eine Gastronomie, die das Bier ausschenkt und dazu Schweinshaxe und andere bayerische Köstlichkeiten serviert. Jährlich werden mehr als eine Million Pilger und Touristen bewirtet. Zum Kloster gehören 150 Hektar landwirtschaftliche Nutzfläche und ein Tagungszentrum. Jährlich finden dort die Carl Orff Festspiele statt, und das Kloster vergibt Lizenzen für Produkte wie Brot, Speck und Schnupftabak. Dabei scheut das Kloster nicht vor einem harten, weltlichen Konkurrenzkampf zurück. Seit Jahren streitet es in zahlreichen Gerichtsverfahren über Markenrechte mit der Andechser Molkerei, einer der größten deutschen Biomolkereien, aus demselben Ort. Über den Gesamtumsatz ihres klösterlichen Unternehmens schweigen die Mönche, er wird auf einen niedrigen zweistelligen Millionenbetrag geschätzt. Die Abtei Münsterschwarzach betreibt Viehzucht und Ackerbau, eine Bäckerei und Metzgerei, verschiedene Werkstätten, in denen auch Lehrlinge ausgebildet werden, sie verkauft Wein, Kunst, Schmuck aus der klostereigenen Goldschmiede und fair gehandelte Waren aus aller Welt – vor Ort und in einem eigenen Onlineshop. Die Bücher von Anselm Grün sind Bestseller und werden im hauseigenen Vier-Türme-Verlag herausgegeben und in der Druckerei Benedict Press gedruckt.

Diese Klöster sind also wirtschaftlich recht umfassend tätig und dabei nach den Maßstäben unseres kapitalistischen Wirtschaftssystems auch ziemlich erfolgreich. Intern jedoch sind sie anders als die meisten vergleichbaren mittelständischen Betriebe organisiert. Die Mönche der Abtei Münsterschwarzach schreiben auf ihrer Homepage: »Wir Mönche leben anders.«[13] Neben ihrer beachtlichen wirtschaftlichen Tätigkeit ist für sie natürlich die geistige und geistliche Betätigung grundlegend. Ora et labora. Beten und arbeiten sind für die Benediktinermönche dabei zwei Seiten der gleichen Medaille: Jede Tätigkeit soll sie ihrem Ziel, Gott zu finden, näherbringen. Die unterschiedlichen Aufgabenbereiche werden nicht gegeneinander aufgewogen – die Pflege des Klostergartens ist gleichbedeutend mit der Pflege der Klosterhomepage. Jeder Mönch ist jedoch unbedingt dazu aufgerufen, sich nach seinen individuellen Talenten in die Gemeinschaft einzubringen, und muss bereit sein, sich auch Neues anzueignen, sollte es für das Kloster wichtig werden. Mit seinem Gelübde verpflichtet sich ein jeder, der Gemeinschaft zu dienen – im Gegenzug sorgt die Gemeinschaft für ihn.

Anselm Grün erklärte uns in unserem Gespräch, dass der Abt der gewählte Vorsteher des Klosters ist. Seine Aufgabe ist es einerseits, das Kloster zu verwalten, andererseits ist er als »Vater der Gemeinschaft« für »Gehorsam« verantwortlich. Gehorsam – eine benediktinische Grundregel – bedeutet vor allem einfühlsames Hören auf Gott, auf die benediktinischen Regeln zur praktischen christlichen Lebensführung und auf die Mitmenschen. Der Abt soll also dafür sorgen, dass die gemeinschaftlichen Regeln eingehalten werden, dass jeder einzelne Mönch sich in die Gemeinschaft einbringt, die Gemeinschaft aber auch jeden einzelnen Mönch berücksichtigt. Einer der Leitsätze der Andechser Klosterbetriebe ruft alle Mönche zum Ausgleich auf: »Wir hören aufeinander und sprechen miteinander. Wir arbeiten miteinander und nicht gegeneinander.«

---

13 www.andechs.de, (09.07.2014).

Die Tagesabläufe im Kloster sind streng nach den Regeln des Heiligen Benedikts aus dem 6. Jahrhundert organisiert: Mehrmals am Tag wird gemeinsam gebetet, die Mönche essen und feiern gemeinsam und leben in Gütergemeinschaft. Auf der anderen Seite gibt es feste Zeiten und Orte für Einsamkeit und Einkehr, für Schweigen, Denken und Ruhe. Die äußere Ordnung soll zu innerer Ordnung führen. Nach einer mehrjährigen Probezeit treten die Mönche in die jeweilige Klostergemeinschaft ein – freiwillig wohlgemerkt, schließlich wird niemand als Mönch geboren. Jedes Benediktinerkloster ist dabei eine selbständige Gemeinschaft. Es gibt keinen zentral geleiteten Orden. Von da an gehört man zeitlebens zur Gemeinschaft. Auch die Mönche, die zur Mission auf andere Kontinente ausgesandt sind, haben in dieser Gemeinschaft ihre bleibende Heimat. »Gemeinsam und weltweit«, wie die Mönche der Abtei Münsterschwarzach schreiben.

Aus der Recherche zu den jahrhundertealten Klostertraditionen und den Gesprächen mit den Mönchen versuchten wir die Elemente herauszufiltern, von denen wir unabhängig von Bier, Bestsellern und Benedikt etwas für die Organisation unseres jungen Unternehmens lernen konnten. Schließlich wollten wir keinen religiösen Orden gründen, keine alkoholischen Getränke herstellen und auch keine Bücher schreiben. Na ja. Was wir jedoch sehr wohl wollten, war individuelle Weiterentwicklung, gemeinschaftliche Solidarität und wirtschaftlichen Erfolg. Durch die Beschäftigung mit den Klöstern lernten wir, dass wir uns extern nach den gängigen Regeln des Marktes richten konnten, gleichzeitig jedoch intern auf dieselben gängigen Regeln pfeifen konnten.

Feste Regeln, was an welchen Orten und zu welchen Zeiten stattfinden durfte, Transparenz über Grenzen, Grenzverletzungen und Prioritäten – uns fiel auf, dass wir viele Elemente des Klosterlebens in unseren Projekten schon praktizierten: Um die großen Pole Flexibilität und Verbundenheit jedoch auf Organisationsebene zusammenzubringen, war das Verständnis, das die Mönche von ihrer

Gemeinschaft haben, für uns grundlegend. Manche Mönche versorgen täglich die klostereigenen Milchkühe mit, andere nehmen an zwei Tagen der Woche einen Lehrauftrag an einer theologischen Fakultät wahr, wieder andere leiten für mehrere Jahre eine Mission in Tansania. Um zum Kloster zu gehören, muss man nicht dauerhaft physisch dort anwesend sein, es kommt vielmehr darauf an, sich zu den Werten und Zielen der Gemeinschaft zu bekennen – womit wir wieder bei der Loyalität wären. Weil es sowieso nichts bringt, Commitment zu erzwingen, haben wir uns entschieden, Loyalität nicht an die Schreibtischzeit zu koppeln. Sondern an die freiwillige, orts- und zeitunabhängige Bindung an unser gemeinsames Ziel: die Welt ein Stückchen innovativer zu machen.

Bei Dark Horse haben wir seitdem einmal im Jahr einen sogenannten Commitment Day. An diesem Tag treffen wir uns, um für das kommende Jahr unseren individuellen Einsatz für unsere Firma mitzuteilen. Dabei kann man zwischen der Rolle als »Mönch« und der als »Pilger« wählen. Man entscheidet, ob man Vollzeit, Teilzeit oder erst mal woanders arbeitet. Jeder und jede kann als Mönch in Voll- oder Teilzeit in unserer Firma involviert sein oder als Pilger ganz woanders tätig werden. Alle Mönche erklären sich bereit, bestimmte Aufgaben zu übernehmen, die unser Unternehmen als Ganzes voranbringen. Mönche werden anteilig aus dem gemeinschaftlich erwirtschafteten Geldtopf bezahlt. Wer »pilgert«, kann nach wie vor in einzelnen Projekten mitarbeiten und wird dafür natürlich bezahlt. Er hat für diese Zeit keinerlei Pflichten, bleibt aber dennoch Teil unserer Gemeinschaft. Beim nächsten Commitment Day kann man sich neu orientieren. Christiane hat sich entschieden, noch einmal zu studieren und das Gelernte aus ihrem Studienfach Erwachsenenbildung in einer Vollzeitstelle in der Lehrerausbildung anzuwenden. Dominik möchte weiterhin freiberuflich als Art Director arbeiten, Ludwig als Webentwickler. Daniela möchte noch mal richtig tief in ihr Fachgebiet Data Mining einsteigen und arbeitet daher bei einer Preisvergleichsplattform. Patrick tourt mit seiner Band durch Deutschland.

Jasper renoviert ein Gutshaus in Brandenburg. Jana wollte gerne in die Schweiz ziehen und arbeitet dort sogar bei einem Konkurrenzunternehmen: In einer Unternehmensberatung übersetzt sie für Unternehmen Kundenbedürfnisse in attraktive Lösungen. Einige, manche, andere, keiner, viele, die meisten, manchmal, häufig, selten, immer wieder oder jetzt gleich lautet die Logik unseres intelligenten Schwarms.

Ein Gast bei einem unserer Meet & Feeds – es war nicht Karl – fragte Daniela einmal, was wir denn täten, wenn alle unserer 30 Mitgründer gleichzeitig pilgern wollten. Über diese Frage hatten wir noch nie nachgedacht. Weil wir die Kultur, Produkte und das gesamte Organisationsmodell selbst gestalten können, fällt es uns leicht, unserem Unternehmen die Treue zu halten. Sollten alle gleichzeitig pilgern wollen, wüssten wir, dass irgendetwas nicht stimmen kann und wir als Unternehmen etwas ändern müssten. Durch diese konsequente Haltung ermöglichen wir Loyalität erst. Ähnlich wie die Mönche an Gott, orientieren wir uns zwar an unserer übergeordneten Idee, Neues in die Welt zu bringen. Allerdings richten wir uns dabei nicht nach jahrhundertealten Regeln, sondern entwickeln ständig unsere eigenen.

Wenn sich jemand vorübergehend für eine andere Arbeit entscheidet, vermissen wir zwar einen Freund, freuen uns aber über die neuen Erfahrungen, die er macht und in unser Unternehmen reinträgt. Wir entwickeln ein Urvertrauen, dass Dark Horse uns glücklich machen will – uns aber nicht zu unserem Glück zwingt. Wir befinden uns ein weiteres Mal im Dazwischen: zwischen lebenslanger Treue zu dem Unternehmen, das wir gemeinsam führen wollen, und der Möglichkeit zum wechselnden Lebensentwurf. Im Sinne der Designifizierung gehen wir davon aus, dass es nicht das eine Richtige gibt, sondern immer viele Wege, Umwege und Auswege. Iteration setzt voraus, dass man nicht nach der einen perfekten Lösung, sondern der im Moment richtigen Lösung sucht. Diese Möglichkeit zur Gestaltung,

Veränderung und Anpassung sorgt für eine extrem hohe Identifikation mit dem Vorhaben – den Leuten und den Arbeitsinhalten. Sich
kollektiv zu bewegen und gleichzeitig am individuellen Lebensentwurf zu stricken, haben wir zur Basis unseres Organisationsmodells
gemacht. Durch unsere Klosterstruktur haben wir es geschafft, unsere
Gemeinschaft dauerhaft zu erhalten, ohne uns alle über einen Kamm
zu scheren.

Man arbeitet nur einmal im Leben

Unsere Auftraggeber bekommen im Übrigen von unserem flexiblen
Modell meist gar nichts mit. Wie andere Agenturen auch legen
wir zu Anfang eines Projekts Ansprechpartner, Kommunikationsweisen und Routinen fest und halten uns dann im Sinne unseres
Auftraggebers daran. Was Zuverlässigkeit und Qualität den Kunden
gegenüber betrifft, sind wir ganz Old School unterwegs. Manche
Unternehmen buchen uns allerdings auch gerade wegen unseres un-
gewöhnlichen Modells – wir verkaufen Innovationskultur nicht nur,
wir leben sie. Der Econ Verlag hat uns in diesem Zusammenhang das
schöne Wort Absenderkompetenz beigebracht.

Dass einige von uns in sogenannter Teilzeit bei Dark Horse arbeiten,
verschweigen wir mittlerweile manchmal auch lieber. In der Freitagswelt herrscht die Vorstellung, dass voller Einsatz nur von Vollzeit
kommen kann und Teilzeit immer auch verminderten Einsatz bedeutet. Sobald es um wirkliche Gestaltung und Verantwortung geht,
redet keiner mehr über Teilzeit. Lisa und Greta haben sich einmal
bei einer Unternehmensberatung beworben. Um den Horizont zu
erweitern, Einblick in eine andere Firma zu gewinnen und vor allem,
um dort gute Arbeit zu leisten. Die beiden haben sich allerdings
gleichzeitig auf ein und dieselbe Stelle beworben. Nicht um gegeneinander anzutreten, sondern um die Stelle gemeinsam zu füllen:
»In den letzten Jahren haben wir genauso viel gemeinsam wie allein
gearbeitet. Der Wissenstransfer zwischen uns verläuft reibungs-

los, strategische Entscheidungen treffen wir mit zwei Perspektiven, Fehlerkorrektur geschieht frühzeitig, und Inspiration potenziert sich. Zwei mal Teilzeit ergibt mehr als einmal Vollzeit.«

Eine Einladung zum Bewerbungsgespräch haben die beiden nicht bekommen. Schade eigentlich. Die Idee dahinter ist nämlich eine Win-win-Stituation: Der Arbeitnehmer hat zwei Köpfe, die mehr denken und besser entscheiden können. Man muss sich nicht zwischen zwei Lebensläufen und den damit einhergehenden Kompetenzen entscheiden, sondern kann einfach zweifach Stärke und Erfahrung einstellen. Man kann zum Beispiel alte Hasen mit ihrer jahrelangen Erfahrung und junge Hüpfer mit ihrem Veränderungsdrang zusammenbringen. Die beiden Arbeitnehmer haben mehr Zeit für andere Arbeit, Familie, Freunde, Hausbau oder was auch immer ihnen sonst wichtig ist. Und wenn es mal stressig zugeht, können zwei Personen sehr viel besser die Verantwortung auf vier Schultern verteilen. Die Idee, Verantwortung zu teilen, hält nach und nach auch Einzug in die Führungsetage. Winfried Berner, Change Coach, erklärte 2011 in einem Interview mit dem Berufsportal Haufe die Herausforderungen einer Doppelspitze[14]: »Der prinzipielle Vorteil ist, dass vier Augen mehr sehen als zwei und dass zwei Köpfe mehr verstehen als einer. Aber das funktioniert nur dann, wenn beide bereit und in der Lage sind, die jeweils andere Sichtweise weder als Irrglauben zu sehen noch als politisches Manöver, sondern als Chance, durch einen konstruktiven Streit zu besseren Entscheidungen zu kommen. Das wiederum setzt voraus, dass sie das Wagnis eingehen, sich gegenseitig zu vertrauen, und konsequent auf einseitige Spielzüge zum eigenen Vorteil verzichten.« Das heißt, dass nicht nur Arbeitgeber umdenken müssen, sondern auch die Bewerberinnen und Bewerber. Beide müssen, wie Berner erklärt, ein Wagnis eingehen. Genau aus diesen Gründen ist auch das Berliner Start-up tandemploy[15] entstanden, eine Plattform,

---

14 www.bit.ly/1nzIakm, (09.07.2014).
15 www.tandemploy.com, (09.07.2014).

die Jobsharing ermöglichen und passende Partner vernetzen will. Wir wünschen tandemploy viel Erfolg und empfehlen einer bestimmten Unternehmensberatung, sich mal in Ruhe mit der Idee auseinanderzusetzen.

Neue Teilzeitmodelle sind natürlich nicht nur für Arbeitgeber interessant, sondern auch für die gespaltenen Arbeitspersönlichkeiten selbst. Diemut hat eine klare Meinung über ihre halbe Stelle in der Hochschul-Entwicklung: »Ich bin ein Zwitter. Ich kenne und schätze eine Welt, in der Projektleitende Anweisungen und konkrete Aufgaben aussprechen, die erfüllt werden sollen. Bei Dark Horse dagegen kümmere ich mich selbständig und pro-aktiv um Aufgaben und Aufträge und bringe diese mit meinen Kollegen in die Umsetzung und zum Erfolg. Ich mag beides. Mein Teilzeitglück kommt gerade durch die Unterschiedlichkeit meiner beiden Welten. In beiden Jobs lerne ich Dinge, die mir für die jeweils andere Welt ganz viel bringen.«

Was für Teilzeit jede Woche gilt, stimmt natürlich auch für Lebens-Teilzeit-Modelle. Gerade unsere multiplen Karrieren ermöglichen uns den Blick über den Tellerrand. Es ist genau diese Inspiration, diese Einflüsse aus unseren verschiedene Disziplinen und Beschäftigungen, diese Vielfalt an Eindrücken und Erfahrungen, die es uns ermöglicht, dauerhaft innovativ zu bleiben. Jeder Austausch braucht Eindrücke von »außen«, um fruchtbar zu werden. Damit in unserem Wahlfamilienunternehmen überhaupt ein gemeinsamer Output von Noch-nie-Dagewesenem möglich wird, brauchen wir individuell unterschiedlichen Input.

Wir wollen ganz explizit, dass sich jeder von uns fortbildet, mit offenen Augen durch die Welt läuft, neueste Trends ausprobiert und sich mit tollen Menschen vernetzt. Jeder von uns ist aufgerufen, auf seinem Fachgebiet up to date zu bleiben, aber nicht in der Expertisenblase steckenzubleiben. Deshalb unterschieden wir auch nicht, ob jemand seine Nicht-Dark-Horse-Zeit mit alternativer Arbeit, mit Baumpflanzen, Hausbauen oder Sohnzeugen verbringt. Wer weiß schon aus welcher Ecke die nächsten Geistesblitze einschlagen.

Es macht unglaublich großen Spaß, mit Kollegen zusammenzuarbeiten, die sich ständig ändern und doch immer vertraut bleiben. Wir profitieren gemeinsam vom Wissenszuwachs und der Inspiration Einzelner, die Organisation wächst mit ihren Mitarbeitern. Die Stückelung unserer Arbeits- und Lebenszeit lohnt sich, weil dadurch der Kuchen für alle größer wird. Um uns gegenseitig auf dem Laufenden zu halten, treffen wir uns regelmäßig außerhalb unserer Projekte. Circa einmal im Quartal gibt es einen sogenannten P-Day. Das P steht dabei für Präsentation, weil jeder aufgerufen ist, den anderen das Neuste, Grundlegendste, Verwirrendste oder Interessanteste aus seinem Fach- oder Interessensgebiet zu zeigen. Ganz nebenbei lernen wir uns beim P-Day immer wieder von neuen, menschlichen Seiten kennen. So haben wir schon gelernt, was Big Data zu einem so großen Thema macht, wie Search Engine Optimization funktioniert und was Schiller und Sido gemeinsam haben. Außerdem, welche Logistik hinter einer Bandtour steckt, wie ein Tag aus Kleinkindperspektive aussieht und dass man in Brandenburg für die letzte Internet-Meile manchmal selbst zum Spaten greifen muss.

Die Erfahrungen, die Monika bei ihrem halbjährigen Aufenthalt im Himalaya gemacht hat, helfen uns heute noch bei der Planung von Projekten. Ohne Strom, fließendes Wasser, geschweige denn Whiteboards, Haftnotizen oder Material für Prototypen hat sie viel über die Möglichkeiten und Grenzen von Design Thinking gelernt. Und natürlich wie man gedämpfte Teigtäschchen zubereitet.

POSTHIERARCHISCHES MANAGEMENT

Wenn ich mal groß bin, will ich Manager werden

Freitagabend, kurz nach 23.00 Uhr in einer verrauchten Bar in Kreuzberg. Keiner der Stühle passt zum anderen, die Wände sind unverputzt, von der Decke baumeln schummrige Glühbirnen. Der Barkeeper trägt Bart und Tattoos, spricht nur Englisch und serviert vorzügliche, starke Drinks. Genau die richtige Umgebung um vorzügliche, starke Gespräche über unser unverputztes, schummriges Leben zu führen. Pascals Freund Sebastian erzählt, dass er bald befördert werden soll. Pascal und Sebastian kennen sich, seit sie im ersten Semester Maschinenbau voneinander abgeschrieben haben und beide durch die Prüfung gerasselt sind. Inzwischen arbeitet Sebastian seit fünf Jahren als Ingenieur in der Entwicklungsabteilung eines Energiekonzerns.

»Mensch, das ist ja großartig!«, gratuliert Pascal. »Mein Chef ist wohl ziemlich zufrieden mit meiner Arbeit. Wir starten ein großes neues Projekt für regenerative Energien, und ich soll der Teamleiter werden. Mehr Gehalt bekomme ich natürlich auch.« – »Stark. Basti wird Chef«, grinst Pascal. »Na ja, ob ich das so gut finden soll?«, gibt Sebastian zu bedenken. Unverständnis bei Pascal. »Als Teamleiter habe ich ja plötzlich ganz andere Aufgaben. Ich bin dann für die Projektsteuerung zuständig, muss Partnerfirmen koordinieren, Mitarbeitergespräche führen, Budgets und Zeitpläne einhalten. Ich durfte schon einige Weiterbildungen dazu besuchen, und an sich ist das alles ganz spannend. Es macht mir großen Spaß, Neues zu lernen und in andere Bereiche einzutauchen. Das Problem ist nur, dass ich ja befördert werde, weil ich das, was ich jetzt tue, offenbar so gut mache: Energiesysteme entwickeln. Das kann ich dann vergessen. Dafür werde ich keine Zeit mehr haben, das macht dann mein Team. Und ich stehe alleine an der sogenannten Spitze und unterzeichne Urlaubsanträge und Spesenabrechnungen. Meine jetzigen Kollegen sind dann meine Untergebenen, und ich muss sie anweisen, bewerten und führen – wohin auch immer. Das war's dann mit unserer wöchentlichen Volleyballrunde. Da lästern die dann bestimmt so über mich wie wir über unseren jetzigen Chef.« – »Hm, verstehe. Klingt irgendwie uncool. Dann lass es doch einfach und arbeite weiter als Ingenieur bei deiner Firma.« – »Das habe ich auch schon überlegt. Aber dann habe ich heute schon das Ende der Fahnenstange erreicht. Ich bin ja schon Senior Engineer. Mehr Experte geht nicht. Wenn ich mich irgendwie weiterentwickeln will, muss ich Manager werden«, erklärt Sebastian. »Kannst du dich nicht selbständig machen? Du hast Erfahrung, Kontakte, und Ingenieure werden doch überall gesucht.« – »Auch darüber habe ich schon nachgedacht. Aber das macht alles noch schlimmer. Da kann ich mich ja erst recht nicht auf die Arbeit konzentrieren. Dann muss ich von der Auftragsakquise über die Vertragsverhandlungen bis hin zu Buchhaltung, Klopapier- und Kaffeenachschub alles selber machen. Kannst du dir vorstellen, wie ich auf einem dieser Networking-Events herumhüpfe und meine selbstentworfenen Visitenkarten verteile? Na also. Und da finanziert mir keiner vorher ein Seminar dazu. Genau genommen finanziert mir als Selbständiger erst mal keiner irgendetwas. Kein sicheres Einkommen, aber dafür mehr von der doofen Arbeit. Nein danke!« – »Ist schon seltsam. Da wirst du befördert, doch anstatt eine Runde Champagner auszugeben, heulst du hier in dein Whiskeyglas.« – »Ja, ich weiß. Lass uns über was anderes reden. Gott sei Dank ist heute ja Freitag!«

So wie Sebastian geht es vielen unserer Freunde und Bekannten. Sie scheuen davor zurück, sich selbständig zu machen, weil sie keine Lust haben, ständig selbst alles erledigen zu müssen. Für einige Bereiche kann man sich zwar in Co-Working-Einrichtungen zusammentun. Es gibt unzählige digitale Helferlein, mit denen man Aufgaben effizienter erledigen kann, und natürlich gibt es auch lange etablierte menschliche Möglichkeiten, ungeliebte Tätigkeiten auszulagern: Steuerberater, Putzdienste und PR-Agenturen. Aber auch diese Koordination der Koordination kostet Geld, Zeit und oft genug Nerven.

Viele junge Wissensarbeiter haben überhaupt keine Lust, für das Organisieren ihrer Arbeit ähnlich viel Energie aufzubringen wie für die Arbeit selbst. Wir sind eine ungeduldige Generation und haben kein Verständnis für umständliche, langwierige Prozesse. Wir sind es gewohnt, auf Knopfdruck zu bekommen, was wir wollen, selbst wenn wir oft genug gar nicht genau wissen, was wir eigentlich wollen. Als Selbständiger ist man gefordert, all das alleine herauszufinden. Man koordiniert Aktivitäten und Projekte, zieht nebenher neue an Land, bildet sich fortlaufend weiter, coacht sich selbst, entwickelt seine Karriere, trifft eigenständig Entscheidungen und spricht sich bei kniffligen Sachfragen mit sich selbst ab. Geht etwas schief, trägt man die volle Verantwortung. Na bravo.

Bei Konzernen und Mittelständlern dagegen gibt es für jeden Aufgabenbereich Fachleute. Jeder Experte und Sachbearbeiter hat, wie der Name schon sagt, eine klar umrissene Sache zu bearbeiten. Nicht weniger, vor allem aber auch nicht mehr. Arbeitsteilung und Fokus lautet die Devise. Bis die Karriere ins Spiel kommt. Die kann man im Konzern nämlich nur mit Mitarbeitern machen. Der Aufstieg ist an eine Managementkarriere geknüpft, Chef wird man nur durch Untergebene. Womit man wieder einen Großteil seiner Arbeitszeit außerhalb seines Fachgebiets verbringt. Außer man hat schon Chef studiert und bringt einen Master mit Spezialgebiet Alleswissen mit. Als Manager nämlich koordiniert man Aktivitäten und Projekte, zieht nebenher neue an Land, bildet sich fortlaufend weiter, coacht sich selbst, entwickelt seine Karriere, trifft eigenständig Entscheidungen und spricht sich bei kniffligen Sachfragen mit sich selbst ab. Geht etwas schief trägt man natürlich die volle Verantwortung. Na bravo.

In vielen Strukturen stehen junge Menschen vor der Entscheidung, entweder weiter in ihrem Fachgebiet tätig zu bleiben oder »Verantwortung zu übernehmen«, wie es so schön heißt, eine Managementkarriere einzuschlagen und das Fachgebiet Fachgebiet sein zu lassen.

Stattdessen werden sie Menschen managen oder, wenn sie es wirklich geschafft haben, das Management managen. Das ist weit entfernt von dem Handwerk, das ein jeder Wissensarbeiter gelernt hat. Absurderweise werden meist die Mitarbeiter befördert, die sich durch besonders gute Arbeit in ihrem Gebiet hervorgetan haben.

Sollte man sich dennoch für den Karriere- und damit Managementpfad entscheiden, muss man sich mit den extremen, weil unrealistischen Anforderungen an eine Führungsposition auseinandersetzen. In jedem Managementratgeber in den letzten zwanzig Jahren kann man mehr oder weniger das Gleiche nachlesen. Aus Kontrolle und Mitarbeiteranleitung soll Leadership und Vertrauen, Befähigung statt Bevormundung werden. Kurioserweise wissen eigentlich alle, dass eigenverantworliche Mitarbeiter, die wie Erwachsene behandelt werden, besser, effizienter und motivierter ihre Aufgaben erledigen können. Die Inkonsequenz des Vorhabens liegt dabei an einer seltsamen Verantwortungsverschiebung: Man erwartet vom heutigen Manager in einer Führungsposition, dass er gleichzeitig Coach, Lehrer, Koordinator von Aktivitäten und Projekten, Entwickler von Karrieren, Berater, fähiger Entscheider und kompetenter Ansprechpartner für Sachfragen in einem sein soll. Falls etwas schiefgeht, trägt er natürlich auch die volle Verantwortung. Der moderne Manager gibt ganz konkret Macht an die Mitarbeiter ab, indem er ihnen und ihrer Entscheidungsfindung vertraut. Gleichzeitig trägt er aber die volle Verantwortung für diese Entscheidungen. Er hat weniger Rechte bei gleichbleibend vielen Pflichten.

Management, Kontrolle und Entscheidungsstrukturen sind in einem Wandlungsprozess, doch bislang nur als Lippenbekenntnis – die Strukturen passen nicht zu den Ansprüchen. Wie kann ein Unternehmen unter diesen Voraussetzungen erwarten, dass die große Mehrheit der Manager diesen Anforderungen genügen kann, geschweige denn von der Persönlichkeit her gewillt ist, dieses Spiel mitzumachen?

Die Generation Y hat keinen Bock mehr, Chef zu sein – weder ihr eigener noch der von anderen. Andererseits wird den jungen, wilden Wissensarbeitern auch ein Problem mit Autoritäten nachgesagt, ständig wollen sie gehört und einbezogen werden. Einen Chef haben wollen sie also auch nicht. Doch wo steht man eigentlich, wenn man sich weder unter- noch überordnen möchte?

Wir werden vor eine Wahl gestellt, bei der uns keine der Möglichkeiten zusagt. Wir wollen für eine Managementkarriere nicht unsere Disziplinen aufgeben – schließlich haben wir ja von klein auf gelernt, unserer Leidenschaft zu folgen. Andererseits wollen wir kontinuierlich Neues ausprobieren, uns entwickeln und uns bloß nicht auf eine Sache beschränken. Lebenslanges Lernen – aber ja doch, immer her damit! Schließlich wurden wir ganz antiautoritär zu Mitbestimmern erzogen. Diese selbstbewusste Grundhaltung Neuem und Altem gegenüber trifft nun auf digitale Verbreitungsmöglichkeiten: Das Urvertrauen, eine Meinung zu etwas haben zu dürfen, festigt sich mit jeder Erfahrung, dass sie auch gehört wird.

Wissensarbeit im Zeitalter ihrer digitalen Reproduzierbarkeit

In einer Welt, in der Wissen einigermaßen konstant und Expertisen verlässlich waren, war das etablierte Beförderungsmuster äußerst sinnvoll. Wer vorgestern am meisten wusste, hatte gestern am meisten zu sagen. Man ordnete sich unter, weil die weisen weißen Männer schon wissen würden, wie der Hase läuft. Autorität wurde über den Maßstab der Wissensüberlegenheit definiert und wer einmal qua Expertise in einer bestimmten Position angekommen war, wusste im Umkehrschluss automatisch Bescheid. Von seinem Boss erwartete man berechtigterweise, dass er zu einer Sachlage umfassend informiert war. Ausnahmen von dieser Regel diskutierten die Mitarbeiter lieber außerhalb der Hörweite des Chefs.

Niemand wollte derjenige sein, der dem Kaiser sagte, dass er nackt war. Anführer wurde und blieb man in dieser Logik durch demonstratives Zur-Schau-stellen von Anführertum. Führung als selbsterfüllende Prophezeiung. In einer Welt, in der Wissen immer schneller veraltet, immer weniger exklusiv ist und sich immer weniger kanonisieren lässt, bedeutet aktuelles Wissen nicht länger dauerhafte Macht. Was heute gilt, kann morgen schon überholt sein, jeder kann jederzeit auf fast alles zugreifen. Branchenspezifische Deutungshoheiten verschieben sich, Experten werden in Echtzeit hinterfragt, validiert, bestätigt oder korrigiert. Wikipedia aktualisiert sich in unfassbarer Geschwindigkeit und vereint multiperspektivisches Wissen, während die neueste Auflage des Dudens alle zwei bis vier Jahre erscheint und das Verfassen der Artikel fein säuberlich unter drei Hochschulprofessoren aufgeteilt wird. Wir sind es gewohnt, uns über neue Kanäle Wissen anzueignen und unser Wissen zu teilen. Allein auf YouTube gibt es unzählige Tutorials, Präsentationen, Reden und Dokumentationen – man kann lernen, wie die Volkswirtschaft grundsätzlich funktioniert, wie man einen Sonntagsbraten zubereitet, warum ein bestimmtes Smartphone im Vergleich zu einem anderen besser abschneidet und wie sich ein akkurater Penélope-Cruz-Lidstrich ziehen lässt. Insbesondere im Bereich der Kosmetik testen die Vloggerinnen und Vlogger, also Video-Blogger, neue Produkte und zeigen, ob die Werbung tatsächlich hält, was sie verspricht. Die Meinung dieser Tester ist inzwischen derart relevant, dass die Kosmetikbranche ihnen kostenlos Produkte zur Verfügung stellt.

Einstige Verbreitungslogiken werden grundlegend auf den Kopf gestellt: Großkonzerne versuchen Jungen und Mädchen aus Unterschwabingen oder Gütersloh von ihren Produkten zu überzeugen. Spezialisiertes Wissen ist nach wie vor anerkannt und geschatzt – jedoch wird es einer strengen und stetigen Kritik unterworfen. Das Handyspiel Quizduell umfasst gänzlich andere Wissenskategorien als Trivial Pursuit, das gute, alte Lieblingsprofilierungsspiel der Akademiker. Denn bei Quizduell werden die Fragen unter anderem von der Community selbst generiert und neben die Kategorie »Kunst und Kultur« tritt der Bereich »Computerspiele« oder »Die 2000er«. Dies ist nunmehr Teil jenes relevanten Wissens, das den Wissensträger gesellschaftstüchtig macht.

Eine Emanzipation von Experten und vor allem die grundsätzliche Möglichkeit zur Emanzipation ist uns selbstverständlich geworden. Jede Meinung zählt und kann unter Umständen einen Shitstorm, einen Massenkaufrausch oder ganz neue Diskurse auslösen. Natürlich ist dies eine unverschämt verkürzende Sicht auf die Dinge und absolut polemisch gemeint – zeigt im Kern jedoch eine Tendenz der Neuordnung von Wissenszugängen. Die Erziehungs- und Medienwissenschaftlerin Daniela Pscheida[16] setzt sich in ihrer Forschung mit dem strukturellen Wandel der Wissensgenerierung, -aneignung und -verbreitung auseinander und diagnostiziert dem Heute eine Egalisierung der Experten-Laien-Struktur. »Aufgrund der Vielzahl potentiell am Wissensdiskurs Beteiligter droht dadurch unweigerlich auch die kommunikative Dichotomie zwischen Experten und Laien allmählich zu verschwimmen. Mit anderen Worten: Der Wissensbegriff der neuzeitlichen Moderne und das dazugehörige Dispositiv des gesellschaftlich relevanten Wissens erfahren vermutlich gerade eine nicht zu unterschätzende strukturelle Umformung.« »Ich weiß, also bin ich Chef« funktioniert folglich nicht mehr. Aber was dann?

Der Generation Y wird oft vorgeworfen, verwöhnt zu sein und die harte Realität zu verkennen. Das Leben ist kein Ponyhof. Irgendjemand muss nun mal all die Managementaufgaben übernehmen: akquirieren, verhandeln, netzwerken, repräsentieren, koordinieren, budgetieren, konzeptionieren, motivieren, entwickeln, entscheiden, verantworten. Selbstverständlich muss jedes Unternehmen dafür sor-

---

16 Daniela Pscheida: *Das Wikipedia-Universum. Wie das Internet unsere Wissenskultur verändert*, Bielefeld 2010, S. 18.

gen, dass all dies und noch viel mehr zuverlässig erledigt wird. Was wir bezweifeln, ist, dass all diese Aufgaben von einer oder wenigen Personen übernommen werden müssen. Wo alte Autoritätsmuster nicht mehr gelten, muss Führung neu gedacht werden. Zwischenmenschliche Beziehungen haben eventuell noch mehr Dimensionen als die der Über- und Unterlegenheit. Mit Dark Horse haben wir uns bewusst gemeinsam-ständig gemacht. Alle unsere Gründer sind gleichzeitig Manager, Fachexperten und immer wieder komplette Neulinge.

Um unsere Wissensvielfalt nutzen zu können, verschaffen wir uns zu Beginn eines Projekts einen größtmöglichen Überblick darüber, was alle Teammitglieder unter dem Auftrag verstehen. Das Wort Perspektive beispielsweise bedeutet für einen Verfahrenstechniker etwas ganz anderes als für eine Medienwissenschaftlerin oder einen Architekten. Diese unterschiedlichen Sichtweisen gehen weit über linguistische Spitzfindigkeiten und fachspezifische Hintergründe hinaus: Jemand, der im Rollstuhl sitzt, hat buchstäblich eine andere Perspektive auf die Welt als ein 1,90-m-Mann. Die abwegigsten Erfahrungen, die in einem offiziellen Lebenslauf nicht auftauchen oder bestenfalls als schrullige Freizeitbeschäftigung gelten, bringen uns dabei oft ein ganzes Stück weiter. Pascal ist leidenschaftlicher Autofahrer und versucht, alternative Verkehrsmittel nach Möglichkeit zu vermeiden. Seine Beweggründe halfen uns bei einem Projekt zum öffentlichen Nahverkehr, spannende Extremnutzer und Nichtnutzer zu verstehen. Greta zum Beispiel arbeitete als Jugendliche als Pflaumentesterin und konnte dadurch spannende Einblicke über die Klassifizierung und Kreuzung von Obstsorten gewinnen – wir sind sicher, dass sie auch dieses Wissen irgendwann auf ein Projekt übertragen kann.

Bei unseren Workshops »Design Thinking für jedermann«, bei denen wir am Beispiel unserer Innovationskultur einen kurzen, intensiven Einblick in unsere Methoden vermitteln, fragen wir am Ende des

Workshops Feedback ab und nutzen dafür fünf Kategorien: Was war das schwierigste Problem, die größte Überraschung, der beste Fehler, das Highlight und das Zitat des Tages. Obwohl ganz unterschiedliche Personen an den Workshops teilnehmen, ähneln sich die Angaben zur größten Überraschung: die Perspektivenvielfalt und die Erfahrung, dass diese tatsächlich hilfreich ist.

Auf den Feedbackbögen stehen Rückmeldungen wie »Sich auf andere Perspektiven einlassen«, »Dass Teamarbeit Spaß machen kann«, »Dass wir uns schließlich trotzdem einigen konnten«. Teilnehmer berichten oft überrascht, dass ihnen vorher nicht klar war, wie viel und gleichzeitig wenig sie eigentlich wissen. Durch die interdisziplinäre Zusammenarbeit fällt es vielen Menschen leichter, nicht immer recht behalten zu müssen – ein Reflex, den Experten innerhalb ihres jeweiligen Fachgebiets jahrelang trainieren. In Schule, Universität und Beruf geht es überwiegend darum, aktuelle Paradigmen zu kennen, um sie zu befolgen oder – für Fortgeschrittene – zu widerlegen. In der Zusammenarbeit mit Fachfremden ist es oft viel schwerer, sich einfach auf bekanntes Terrain zurückzuziehen und auf die gängige Lehrmeinung zu verweisen.

Diese Offenheit lohnt sich für das Vernetzen von Informationen: Erst wenn wir wissen, was wir als Gruppe wissen, können wir uns Gedanken darüber machen, was wir noch nicht wissen, und im Laufe des Projekts auf Dinge stoßen, von denen wir nicht einmal wussten, dass wir sie nicht wissen. Geht es um Innovation, sucht man nicht nur nach Antworten, sondern auch nach Fragen, die sich so noch keiner gestellt hat. Der ehemalige amerikanische Verteidigungsminister Donald Rumsfeld brachte diese Herausforderung während einer Pressekonferenz im Februar 2002 unnachahmlich umständlich auf den Punkt: »Es gibt bekanntes Bekanntes, aber es gibt auch unbekanntes Unbekanntes.«[17]

---

17 www.1.usa.gov/1rwbCHh, (07.09.2014).

Wir sind hier der Chef

Es kann bei Führung nicht länger um den eigenen Einfluss gehen, sondern darum, wie man sein Team und sich selbst am besten befähigen kann, die anstehende Aufgabe zu erledigen. Wer um seiner selbst willen führen möchte, sollte es lieber bleiben lassen. Wissensarbeiter legitimieren Führung, nicht andersrum. Führung ist bei uns immer temporär und an konkrete Projekte gebunden – keiner führt, ohne auch inhaltlich an dem Projekt mitzuarbeiten. Jedes Projektteam kümmert sich autark um alle anfallenden Aufgaben und stimmt sich jedes Mal aufs Neue ab, wer welche Rolle übernimmt. Jeder ist gefordert, sich fachlich und führend einzubringen und mit methodischem Wissen zum Projekterfolg beizutragen. Jedes Team plant, kommuniziert, verwaltet und verantwortet sein Projekt, übernimmt das gesamte Projektmanagement, ohne die jeweiligen Schritte von jemand teamexternen absegnen zu lassen. Es verhandelt unabhängig über das Budget und entscheidet, wofür es ausgegeben werden soll. Jedes Team teilt sich Arbeits- und Pausenzeiten selbständig ein und kommuniziert mit dem Auftraggeber.

Wir müssen keine Präsentationen vor unseren Vorgesetzten halten, keine Berichte für sie schreiben und keine vorgefertigten Formulare ausfüllen. Bei uns gibt es keine »Lähmschicht« und keinen Dienstweg. Das jeweilige Projektteam trifft alle operativen Entscheidungen und setzt sie sofort um. Alles geht schnell. Und wenn es Sinn ergibt, auch mal schnell anders. So schaffen wir eine Kultur, in der eine Idee nicht danach bewertet wird, wer sie geäußert hat.

Durch individuelle Charaktereigenschaften ergeben sich in unseren Teams implizite Rollen. Anfangs übernahmen einzelne Mitglieder fast automatisch bestimmte Aufgaben: Weil Raul gut formulieren kann und diplomatisch ist, kommunizierte er mit externen Projektpartnern. Fried behält stets den Überblick und bringt Dinge gut auf den Punkt – er übernahm oft die Dokumentation. Manuel konnte das Team mit seinem Witz und seiner unermüdlichen Energie durch die Talsohlen führen, die in jedem Projekt unweigerlich auftreten.

Inzwischen haben wir gelernt, dass sich das Auftreten eines Einzelnen je nach Teamkonstellation ändern kann und viele sich in »charakterfremden« Aufgaben ausprobieren und sich herausfordern möchten. Immer wieder sind wir überrascht, dass spezielle Aufgaben ganz unterschiedlich ausgeführt werden können – manch ein Projektpartner schätzt eine impulsive, direkte Kommunikation statt einer diplomatisch abwägenden. Im klassischen Projektmanagement übernimmt der Projektleiter alle diese Aufgaben zusammen. Wir haben die Erfahrung gemacht, dass es die Identifikation mit den Projektzielen bei allen Teammitgliedern enorm erhöht, wenn alle inhaltlich mitarbeiten und einen klaren, abgegrenzten Teil des Projektmanagementteils übernehmen – sofern die Rollenzuweisung eindeutig ist. Anfangs reflektieren wir kurz, wer im Projekt was tut und wie und warum das sinnvoll ist. Das hilft uns, alle wichtigen Bereiche abzudecken, Verantwortungsbereiche zu klären und Dopplungen oder Leerstellen zu vermeiden. Außerdem baut es Druck ab und erleichtert, die zugewiesenen Rollen auszuführen. Wenn klar ist, dass Diemut permanent Fotos schießt, um ihrer Rolle als »Dokumentatorin« nachzugehen, fällt es uns viel leichter, ihre Anweisungen zu befolgen.

Der Generation Y wird gern nachgesagt, sie habe ein Problem mit Autoritäten. Wir jedenfalls haben nur dann ein Problem mit Autoritäten, wenn wir sie nicht nachvollziehen können. Es fällt uns in der Tat schwer, »Darum-und-damit-basta«-Argumente zu akzeptieren. Je nach Projekt entscheiden wir, ob wir uns auf unsere Stärken verlassen oder ob das Projekt es uns erlaubt, unsere Komfortzonen zu verlassen und ganz explizit solche Rollen zu übernehmen, die uns nicht schon von selbst in den Schoß fallen. Der Rollenwechsel lässt diejenigen dazulernen, die eine neue Aufgabe übernehmen, und sorgt gleichzeitig für frischen Input für die eigentlichen Experten.

Diese Art von Selbstmanagement ist kein Selbstläufer: Zu Beginn unseres Firmenexperiments ging die Lernkurve jedes Einzelnen steil nach oben. Die Projektbeteiligten lernten nicht nur etwas über das jeweilige Thema, sondern auch, wie man eigentlich sinnvolle Angebote strickt, mit der Einkaufsabteilung eines internationalen Konzerns telefoniert, cholerische Auftraggeber beruhigt oder vor Vorstandsvorsitzenden präsentiert. Das war manchmal nervenaufreibend und immer spannend für alle Beteiligten – oft genug auch für unsere Auftraggeber.

Als junges Unternehmen hatten wir diese Art von Professionalisierung dringend nötig. Aus den Recherchephasen in unseren Projekten wissen wir, dass man manche Dinge am besten dadurch lernt, dass man sie selbst erlebt. Denn bereits nach wenigen Einsätzen ging die Schere deutlich auseinander: Auf der einen Seite Mitarbeiter, die immer mehr Erfahrungen sammelten und sich dadurch auch selbst immer mehr zutrauten, auf der anderen Seite jene, die immer mehr Respekt vor immer größeren Fischen bekamen. Für einzelne Aufgaben bildeten sich Expertenteams heraus: Der Chef dieses süddeutschen Automobilzulieferers ist am Telefon – schnell Manuel holen, der hat mit dieser Situation Erfahrung. Ein Getränkehersteller will mit einem schmalen Budget den ganz großen Wurf schaffen – Christiane hatte doch im Versandhaus-Projekt eine ähnliche Situation, soll die das mal machen. Im anstehenden Workshop müssen wir an einem Tag ganz verschiedene Interessen und Erwartungen unter einen Hut bringen – keine Ahnung, wie das gehen soll, das gebe ich lieber an Jeong Hong ab.

So steuerten wir geradewegs auf eine Struktur mit festen Wissensträgern und Expertise-Monopolen zu. Bei jedem neuen Projekt wartete eine besonders fiese Form der Freitagswelt angriffsbereit darauf, zuschlagen zu können: Es hatten sich bei uns implizite Hierarchien, Spezialisierungen und Silos herausgebildet. Projekte gingen automatisch an diejenigen, die sich »auskannten« und sich das »zutrau-

DAS EIMERPRINZIP

ten«. Dieser Zustand war für die Organisation, die Stimmung und die individuelle Zufriedenheit in unserem Laden fatal. Manche hatten immer mehr zu tun, andere verbesserten lediglich ihre Fähigkeiten am Tischkicker. Langsam, aber sicher kannibalisierte unsere freie Organisationsform unsere multidisziplinäre Arbeitsweise.

Den Teufelskreis zu durchbrechen, gelang uns schließlich, indem wir für Transparenz sorgten und uns selbst beschränkten. Gegen die Expertise-Monopole haben wir ein striktes Rotationsprinzip eingeführt. Angelehnt an die Textaufgaben zur Wahrscheinlichkeitsrechnung aus unserer Oberstufenzeit nennen wir es das »Eimerprinzip«: Für verschiedene Projektmanagementaufgaben sortierten wir uns selbst in virtuelle Eimer für Erfahrene und Unerfahrene. In den Eimer der Erfahrenen kamen alle, die durch vorherige Projekte bereits geübte Zeitplaner, Budgetkalkulatoren, Chefkommunizierer oder Teammotivatoren waren.

Bei den nächsten Projekten achteten wir darauf, dass für die kritischen Bereiche jemand aus dem Eimer der Erfahrenen dabei war, das Team aber ansonsten durch Kollegen aus dem Eimer der Unerfahrenen aufgefüllt wurde. Im Laufe des Projekts konnten die Unerfahrenen von und mit den Erfahrenen lernen und selbst Managementaufgaben übernehmen. Bald war der Eimer der Unerfahrenen leer und der Eimer der Erfahrenen quoll über. Inzwischen trauen sich alle Kollegen alle Projektmanagementaufgaben zu. Paradoxerweise haben wir also gerade dadurch, dass jeder Einzelne austauschbar wurde, jeden Einzelnen ermächtigt, sich umfassend einzubringen. Wir haben mitunter ganz neue Talente entdeckt. Heute reaktivieren wir die Idee für Dark-Horse-Pilger, die als Mönch in unser Unternehmenskloster zurückkehren. In diesem Fall hilft ein erfahrener Dark-Horse-Pate den Neu-Mönchen, sich reibungslos einzufinden – und kann dabei meist selbst von der Erfahrung der ehemalig Externen profitieren. Für die vielen Dinge, die wir bisher weder einzeln noch gemeinsam gelernt haben, hat übrigens jeder von uns ein frei verfügbares

Fortbildungsbudget. Ob man alleine ein Tagesseminar zum Thema Verhandlungsführung besucht, zu zweit zu einer Konferenz reist oder sich zu fünft zeigen lässt, wie man einen spannenden Vortrag strukturiert, bleibt dabei jedem selbst überlassen. Einzige Bedingung bleibt wie immer, dass man das erworbene Wissen hinterher bestmöglich mit allen anderen teilt.

Die doofen Aufgaben macht immer der andere

Das Prinzip der geteilten Führung haben wir aus unseren Projekten auch für unser großes, gemeinsames, andauerndes Unternehmensprojekt übernommen. Weil wir rechtlich dazu verpflichtet sind, hat die GmbH in unserer GmbH & Co KG drei Geschäftsführer. Intern haben diese drei jedoch keinerlei Sonderrechte, niemand ist an ihre Weisungen gebunden, und sie kommen auch gar nicht erst auf die Idee, solche auszusprechen. Jeder von uns kann, darf und soll im Namen von Dark Horse akquirieren, verhandeln, repräsentieren, motivieren und entwickeln. Schließlich sind wir auch alle Gesellschafter und damit alle zu gleichen Teilen Eigentümer von Dark Horse.

Zusätzlich übernimmt jeder, der sich bei unserem jährlichen Commitment Day für die Rolle des »Mönchs« entscheidet, für das kommende Jahr eine bestimmte Aufgabe, die wir gemeinsam für das Fortbestehen und die Entwicklung unseres Unternehmens für wichtig halten. Dazu zählen wir etwa, den Kontakt zu unserem Anwalt oder Steuerberater zu halten, unseren Außenauftritt zu gestalten, halböffentliche Veranstaltungen wie das »Meet & Feed«, ein Sommerfest oder das Fußball-Public-Viewing zu organisieren oder unsere IT-Infrastruktur zu betreuen. Zusätzlich gibt es auch Mönche, die sich um unsere Organisation als Gemeinschaft kümmern. Unsere Unternehmenskultur liegt uns zu sehr am Herzen, um sie dem Zufall zu überlassen.

Die ungewöhnlichste Aufgabe ist wahrscheinlich die unseres Feel-good-Managers. Unter diesem Begriff werden in der Presse immer wieder hauptberufliche Bespaßer porträtiert. Unternehmensclowns, die gut gelaunt Bingoabende organisieren, dafür sorgen, dass immer genug Limo da ist oder Masseure ins Büro bitten. Klingt gut, geht aber fundamental an dem vorbei, was wir unter der Aufgabe verstehen. Unser Feelgood-Manager kümmert sich nicht darum, die Arbeit durch Außenrum-Spaß erträglich zu machen, sondern arbeitet an der Arbeit an sich. Angelehnt an den Abt im Kloster ist unser Feelgood-Manager dafür zuständig, dass wir unsere eigenen Regeln einhalten. Er prüft die Stimmung im Team und hat ein Auge darauf, dass sich alle wohl fühlen. Trägt jemand möglicherweise Unzufriedenheit mit sich herum oder liegt sogar Streit in der Luft? Können wir jemanden entlasten, oder langweilt sich ein Mitarbeiter? Oder ist es vielleicht an der Zeit, über unsere Regeln nachzudenken? Die Aufgabe unseres Feelgood-Managers ist es, wetterfühlig für unser Unternehmens-klima zu sein, allzu große Temperaturschwankungen frühzeitig zu erkennen und nach Möglichkeit abzuwenden. Und zwar nicht dadurch, dass Unzufriedenheit ignoriert oder kaschiert wird. Durch unsere verteilten, sanft rotierenden Funktionsaufgaben ist bei uns jeder ein bisschen Boss. Nur dass die anderen eben nicht unter einem, sondern hinter einem stehen.

Unser Rotationsprinzip hilft uns noch für ein weiteres Set an Aufgaben: Wenn alle Chef sind, wer erledigt dann eigentlich das, worauf keiner Lust hat? Auch die Chefs natürlich. Für all die nötigen, aber wenig spannenden Alltagsaufgaben haben wir ein monatlich wechselndes Serviceteam. Immer zwei Personen kümmern sich vier Wochen darum, dass die Spülmaschine ausgeräumt, der Anrufbeantworter abgehört und der Briefkasten geleert wird. Sie sind außerdem einen Monat lang dafür zuständig, interne Treffen zu moderieren und zu protokollieren. Serviceteam zu sein ist nicht gerade die beliebteste Aufgabe – aber einen Monat lang und zu zweit ist das absolut erträglich. Weil jeder mal dran ist, steigt die Wertschätzung für diese oft unsichtbaren Aufgaben. Immerhin kann man sich bei uns darauf verlassen, dass die lästigen Alltagsaufgaben fast immer die anderen machen. Dem Serviceteam steht es frei, wie es seine Arbeit gestaltet. Es kann sich spezielle Meeting-Formate ausdenken oder Events ausrufen.

Durch die Kopplung von Projekt und Projektmanagement und durch unsere Expertisentransparenz haben wir Führung von ihrer normativen Bedeutung losgelöst. Ganz im Sinne der Gen Y können wir Experten bleiben und trotzdem Chef werden. Unsere »Gemeinsamständigkeit« ermöglicht es uns, nicht alles alleine und nicht allein eine Sache machen zu müssen. Was für uns ganz selbstverständlich ist, wirft bei Außenstehenden immer wieder Fragen auf.

Die Visitenkartenproblematik veranschaulicht das: Anfangs hatten wir bei Dark Horse gar keine Visitenkarten, weil wir naiverweise davon ausgingen, diese seien im Zeitalter von Smartphones einigermaßen überflüssig. Kennenlernen, sich gegenseitig interessant finden, Kontaktdaten speichern, so unsere Annahme. Als Zwischenschritt vielleicht noch google, xing oder linkedin, aber auch dafür bräuchten durchschnittlich gebildete Netzwerker kein Pappkärtchen im ISO-7810-Format, dachten wir. Schnell lernten wir, dass es bei Visitenkarten weniger um eine Gedächtnisstütze als vielmehr um das Ritual des Übergebens geht. Das Überreichen eines Stückchens bedruckten Kartons drückt professionelle Anerkennung aus und signalisiert Gesprächsbereitschaft. Durch den aufgeführten Titel können gerade Führungspersonen auf ihre Wichtigkeit hinweisen und ihrem Gegenüber selbige bescheinigen: Ich, Head of Logistics, bin bereit, mich mit dir auseinanderzusetzen. Wir legten uns also auch Visitenkarten zu, auf die wir in Ermangelung jeglicher Titel allerdings nur unser Logo, unsere Namen und Kontaktdaten drucken ließen.

Regelmäßig führen wir nun auf Veranstaltungen Gespräche nach dem gleichen Muster. »Hübsche Karte. Was genau machen Sie denn bei … Dark Horse?« – »Ich bin dort Gründerin und arbeite gerade an …« – »Ah, Sie sind die Chefin« – »Nicht direkt. Ich bin eine von 30 Partnern und …« – »30 Partner? Wow, ihr Unternehmen muss ja ganz schön groß sein. Wie viele Mitarbeiter haben Sie denn?« – »30. Partner, Co-Founder und Mitarbeiter.« Wir haben schon überlegt, uns der Einfachheit halber Phantasietitel auf unsere Visitenkarten drucken zu lassen, auf Englisch natürlich, das zeigt Internationalität: Vice President of Everything, Head of Staff, Chief Executive Expert. Vorschläge nehmen wir gerne entgegen. Sie wissen ja, wie Sie uns finden.

SOZIOKRATIE
ODER DIE DIKTATUR
DES ARGUMENTARIATS

Basta! So machen wir das jetzt!

I n vielen Firmen herrscht das Selbstverständnis, dass eine Revolution im Büro von der Managementebene ins Rollen gebracht wird. Bei Dark Horse haben wir diese Ebene komplett verworfen. Um unsere Projekte und unsere Firma Tag für Tag am Laufen zu halten, brauchen wir keine Managementebene. Wer aber ist für den Blick über den Tellerrand des Tagesgeschehens verantwortlich? Was ist mit Entscheidungen, die nicht nur ein einzelnes Projekt oder einen abgeschlossenen Aufgabenbereich betreffen, sondern das Fortbestehen und die Weiterentwicklung unseres ganzen Unternehmens? Wer entscheidet, ob wir in ein anderes Büro umziehen, ein neues Beratungsformat entwickeln, eine Dependance in San Francisco eröffnen, ein Pro-bono-Projekt annehmen, bei dem es um eine Therapie für pädophile Männer geht? Wer entscheidet, ob wir ein Buch schreiben? Wer legt fest, wer wie viel Geld verdient? Und wer definiert die Regeln und entscheidet, was passiert, wenn sich jemand nicht daran hält?

Seit wir denken können, und manchmal auch schon früher, durften wir bei jeder noch so banalen Sache mitentscheiden: Möchtest du lieber Apfel oder Banane? Lieber das grüne oder das blaue Shirt? Sollen wir dieses Jahr nach Italien oder nach Schweden in den Urlaub fahren? Möchtest du Hockey spielen oder Geige oder vielleicht beides? Und als die Entscheidungen später gewichtiger wurden, redete uns erst recht keiner mehr rein: Mathe studieren, Physiotherapie lernen oder Work and Travel? Mit der besten Freundin nach Köln, erst mal nach Magdeburg, in die wilde WG oder doch allein nach Kapstadt? All die vielen Freiheiten können auch zur Last werden – unsere Generation ist für ihr notorisches Zaudern bekannt.

Um im dichten Wald der Möglichkeiten den passenden Baum für uns zu finden, vertrauen wir auf unser Netzwerk. Unsere Freunde, das Internet und die Kombination aus beidem werden schon Rat wissen, und uns bei unseren Entscheidungen zwischen Konzert- oder Konferenzbesuch und Ingenieur oder Indie-Sänger unterstützen. Keiner kann heute mehr alles können, aber jeder kann dafür fast alle kennen. Im Arbeitsleben will die Generation Y natürlich auch mitreden. Und zwar von Anfang an und besonders dann, wenn es um etwas geht. In klassischen Unternehmen wird die Entscheidungsfindung jedoch umso exklusiver, je wichtiger die Entscheidungen werden. In unserer demokratischen Gesellschaft entscheidet die Mehrheit, in der Mehrheit der Unternehmen entscheidet eine Minderheit. Und zwar die obere.

Vergleicht man eine Firma mit einem Flugzeug, sind die operativen Entscheidungen wie Sitze in der Economy Class – sie füllen den Großteil des verfügbaren Raums, bieten aber selbst nicht besonders viel Platz, um sich zu bewegen. Besonders auf langen Strecken muss man manchmal unbequeme Kompromisse machen, aber sie bringen einen nichtsdestotrotz zuverlässig ans Ziel. Für das wirtschaftliche Überleben sind sie absolut notwendig. Strategische Beschlüsse sind wie die Sitze in der Business Class: Es gibt weit weniger davon und sie bieten mehr Bewegungsfreiheit und Auswahlmöglichkeiten. Dafür sind sie kostenträchtiger. Und schließlich die First Class, ganz vorne im Flugzeug hinter einem geschlossenen Vorhang und mit eigenem Boardpersonal. Dort gibt es nur einige wenige, extrem teure Sitze. Wer dort sitzt, kann sich praktisch alles aussuchen und genießt gegenüber den Reisenden in der Economy Class viele Privilegien und ein höheres Prestige.

Die Erste Klasse der unternehmerischen Entscheidungen betrifft die sogenannte »Corporate Governance«, also die Art und Weise wie ein Unternehmen als Ganzes geführt wird, welche Handlungen belohnt, sanktioniert oder gar nicht bemerkt werden. Je weitreichender die Konsequenzen einer Entscheidung, umso enger der Kreis derer, der sie trifft. Die große Masse der Mitarbeiter hat höchstens einen kleinen operativen Spielraum. Die Managementschicht darüber macht sich über die strategische Ausrichtung des jeweiligen Geschäftsbereichs Gedanken – oft mit Hilfe von hochbezahlten Beratern. Und die Geschäftsführung oder C-Level Ebene ist verantwortlich für Vision und Kultur des gesamten Unternehmens. Theoretisch zumindest. Hinter strategischen und unternehmenskulturellen Richtungsentscheidungen stecken oft intensive Abstimmungsprozesse und eingehende Beratungen schlauer Unternehmenslenker. Überwiegend haben Entscheider gute Gründe für ihre Entscheidungen und wägen diese sorgfältig ab. Da dies jedoch hinter verschlossenen Türen passiert, kommt bei den Mitarbeitern nur das Ergebnis an – und bleibt allzu oft nicht nachvollziehbar. Auf dem Dienstweg herrscht stockender Verkehr. Beschlüsse aus der Top-Ebene sickern langsam durch das Managementlevel nach unten, wo von ihnen oft nicht viel mehr als schöne Worte übrigbleiben: Die neue Chefin will »mehr Präsenz auf dem Consumermarkt«, der CEO »ein kooperatives Betriebsklima« – klingt gut, ändert aber am Arbeitsalltag der meisten Mitarbeiter wenig. Dieses Problem wird verstärkt, wenn außer der Ansage von oben nichts kommt. Wenn sich Strukturen und Prozesse nicht ändern, entsteht nur in den seltensten Fällen Neues.

Anstatt unserem gemeinsamen Ziel in drei Klassen entgegenzufliegen, haben wir in unserem Unternehmen gewissermaßen modifizierbare Sitze eingebaut: Bei Dark Horse sitzt jeder zwischen allen Stühlen. Wir treffen operative Entscheidungen unabhängig und strategische und kulturelle gemeinsam, gleichwertig und hierarchiefrei. Vor allem die Fragen, die alle betreffen, werden bei uns auch von allen entschieden. Bei jedem, der schon mal Mitglied in einer Kommune war, einem Sportverein, einem Elternbeirat, einem Laienchor oder vielleicht auch nur in einem Freundeskreis, der gemeinsam in den Urlaub fahren wollte, schrillen nun vermutlich die Alarmglocken: Und wenn sie nicht gestorben sind, dann diskutieren sie noch heute.

Je mehr Leute beteiligt sind, desto mehr wird gequasselt, aneinander vorbeigeredet, Überflüssiges ständig wiederholt, nur um nach dreistündiger Diskussion die Entscheidung doch zu vertagen, bis hoffentlich die Unausweichlichkeit der Faktenlage eine Entscheidung überflüssig macht. Hierarchiefreie Entscheidungsprozesse scheitern oft an ihrer Ineffizienz. Partizipative Entscheidungs-nicht-Findung verläuft oft nach dem gleichen Muster: Anfangs bringen sich alle enthusiastisch in die Diskussion ein und arbeiten auf ein gemeinsames Ziel hin. Man hört sich geduldig zu und strebt eine einstimmige Entscheidung an. Nach und nach kristallisieren sich jedoch deutlich verschiedene Lager heraus, die unterschiedliche Meinungen vertreten. Auf jeder Seite gibt es schlagfertige, extrovertierte Anführer, die sich selbst gerne und viel reden hören. Die eher introvertierten Gruppenmitglieder ziehen sich immer mehr zurück, einige klinken sich, um den lieben Hausfrieden zu wahren, ganz aus. Im günstigsten Fall steht die Gruppe am Ende der Sitzung mit einem Kompromiss da, mit dem jeder nur ein bisschen unzufrieden ist.

Churchill pflegte zu sagen, ein Kamel sei ein von einem Komitee entworfenes Pferd. Gerüchteweise setzen sich auch heute noch bei internationalen Gipfeln nicht zwangsläufig die Politiker mit der größten formalen Macht oder gar den besten Argumenten durch, sondern diejenigen, die am längsten wach bleiben können. Je länger Entscheidungsprozesse dauern, umso eher bilden sich informelle Hierarchien und diejenigen, die ihre Meinung am lautesten oder auch nur am längsten vertreten, erreichen ihre Ziele. Im ungünstigsten Fall findet die Gruppe zu gar keiner Entscheidung. Mal für Mal wird das Thema vertagt und neu verhandelt.

Auch Prokrastination ist eine Form der Entscheidungsfindung, nur eben keine aktive. Viele Gruppen verabschieden sich irgendwann vom hehren Ideal der Einstimmigkeit und treffen Entscheidungen nach dem bekannten Mehrheitsprinzip. Die Meinung, die von den meisten Mitgliedern vertreten wird, gewinnt. Oft genug steht allerdings auch die Mehrheit doof da. Wenn Legislative, also diejenigen, die Entscheidungen treffen, und Exekutive, also diejenigen, die sie implementieren sollen, nicht ein und dieselben sind, kann eine Minderheit auch getroffene Entscheidungen blockieren. Wo Zuckerbrot und Peitsche fehlen, bleibt der Mehrheit dann nur noch der Ausschluss der Minderheit: Aus einem Chor werden zwei, in der Kommune geht man sich aus dem Weg, und in den Urlaub fährt man dann doch lieber zu zweit. Gemeinsam Entscheidungen zu treffen und zu implementieren, scheint auf jeden Fall entweder ewig zu dauern, schlechte oder gar keine Ergebnisse zu liefern oder die Gemeinschaft zu spalten. Oder alles zusammen. Keine besonders gute Perspektive, besonders für ein Unternehmen. Hierarchiefreiheit und Effizienz gehen einfach nicht zusammen.

Been there, done that. Auch wir haben uns anfangs die Köpfe heiß diskutiert und standen oft kurz davor, sie uns auch einzuschlagen. Wir haben sehr viel geredet, weniger gesagt und noch weniger entschieden. Eine Diskussion um eine Kaffeemaschine brachte den Wendepunkt. In einer Runde mit 20 Leuten hatten wir geschlagene 2,5 Stunden darüber diskutiert, welche Kaffeemaschine wir für unser frisch bezogenes Büro besorgen sollten. Die einen waren für eine sehr teure Siebträgermaschine, andere meinten, wir sollten das viele Geld lieber anderweitig investieren und weiter Filterkaffee aus einer privat ausrangierten Maschine trinken. Wieder andere waren für eine Kaffeepadmaschine, weil das so schön praktisch war und zudem nur mittelteuer. Die Kaffeegourmets bemängelten den nur mittelguten Geschmack, andere die Umweltverschmutzung durch die Pads. Sascha schlug vor, wir könnten doch Tee trinken. Die Diskussion wurde immer grundsätzlicher, der Ton schärfer, und nach einem vergeudeten Arbeitstag war die Hälfte gegangen, und die noch Anwesenden weinten entweder oder schrien sich an. Puh! Solange wir unsere Füße weiterhin unter denselben Tisch stellen wollten, mussten wir etwas ändern. Und zwar nicht nur an unserer Koffeinversorgung. Aber wie bringt man 30 Charakterköpfe unter einen Hut?

Wir sind alle Nicht-Neinsager

Heute kümmert sich unser Serviceteam um unsere Espressomaschine und übrigens auch um derlei operativ-unternehmerische Entscheidungen. Für strategische und unternehmenskulturelle Entscheidungen haben wir einen anderen Modus gefunden: Wir sind bewusst keine Demokratie, in der die Quantität einer Meinung entscheidet, sondern eine Soziokratie, in der die Qualität von Argumenten entscheidend ist. Soziokratie klingt nach einer unsexy Mischung aus real existierendem Sozialismus und Bürokratie, meint aber eine Organisationsform, die auf Mitverantwortung aller Mitglieder und Selbstorganisation basiert. In der Soziokratie geht es nicht darum, zu etwas ja zu sagen, sondern darum, nicht nein zu sagen. Das kann manchmal zwar im Ergebnis auf das Gleiche hinauslaufen, der Weg zu diesem Ergebnis unterscheidet sich jedoch stark von anderen Entscheidungsfindungsprozessen.

Anders als Konsensentscheidungen, bei denen alle zustimmen müssen, oder Mehrheitsentscheidungen, bei denen es immer eine überstimmte Minderheit gibt, werden soziokratische Entscheidungen nach dem Konsent-Prinzip getroffen. Konsent bedeutet, dass ein Vorschlag dann angenommen ist, wenn keiner einen schwerwiegenden Einwand dagegen äußert. Sobald auch nur einer solche schwerwiegenden Bedenken hat, ist ein Vorschlag abgelehnt. Dieses Vetorecht steht jedem zu, man muss sich dafür in keiner Form qualifizieren oder bewähren – dabei sein reicht. In der Soziokratie liegt die Macht also nicht bei der Mehrheit, sondern bei jedem Einzelnen. Argumente sind der Chef.

Klingt immer noch nach endlosem Egokrieg, Profilneurosen und Stillstand und nicht nach schnellen Entscheidungen. Das Gegenteil ist jedoch der Fall. Zugegeben mit ein bisschen Übung. Tatsächlich haben wir ein paar Runden mit unserem Soziokratie-Berater Christian Rüther drehen müssen, um praktisch verstehen zu können und am eigenen Leib zu erleben, wann und wie Soziokratie eben nicht zur Sitzblockade wird. In unserer Form der gemeinschaftlichen Entscheidungsfindung muss niemand jemand anderen überzeugen, keiner muss besonders laut für seine Meinung trommeln, um andere auf seine Seite zu ziehen, weil es keine Seiten gibt und jeder nur sich und seine eigene Überzeugung vertritt. Normalerweise gibt es viele Gründe, Entscheidungen zu blockieren: weil man nicht so ganz versteht, um was es eigentlich geht, oder weil man eigentlich gar keine Meinung zu einer Frage hat.

In beiden Fällen bleibt man dann doch lieber beim Altbekannten. Oder man hat taktische Gründe und stimmt dagegen, weil man es jemanden recht machen oder eine reindrücken will. Oder aber man spricht sein Veto aus, weil man auch mal wahrgenommen werden will und sei es nur als Störenfried. All diese Gründe sind im soziokratischen Modell gegenstandslos. Entscheidungen werden erst dann getroffen, wenn wirklich jeder alle verfügbaren Informationen verstanden hat und die Gelegenheit hatte, sich dazu zu äußern. Die bewusste und klare Trennung von Informationsweitergabe, Meinungsaustausch und Entscheidung ist ein entscheidendes Effizienzelement der Soziokratie, mit positivem psychologischem Nebeneffekt. Jeder wird wahrgenommen, jede Meinung zählt tatsächlich, und zwar gleich. Es ist sinnlos, es jemandem recht machen zu wollen, weil niemand auf der Suche nach Mehrheiten ist. Wenn jeder in der Gemeinschaft etwas zu sagen hat, muss keiner seine Macht demonstrieren. Der einzige Grund, einen schwerwiegenden Einwand vorzubringen, ist die Überzeugung, dass ein Vorschlag schädlich für unser Unternehmen wäre. Wer einen Einwand gegen einen Vorschlag vorbringt, muss argumentieren, warum er persönlich nicht mit den Konsequenzen leben könnte oder warum die Entscheidung nicht mit unseren Unternehmenszielen oder -werten einhergeht. In der Soziokratie hat also jeder prinzipiell große Macht, gleichzeitig aber auch eine große Verantwortung.

Blockieren um des Blockierens willen passiert zudem nicht bei Dark Horse, weil wir an den Einwand eine kleine, feine und vor allem effiziente Bedingung gekoppelt haben: Wer einen Einwand erhebt, ist in der Pflicht, sich um einen alternativen Vorschlag zu bemühen, notfalls auch im Team. Man kann sich den schwerwiegenden Einwand wie eine Notbremse im Zug vorstellen: Es beruhigt ungemein, zu wissen, dass es eine gibt. Ziehen will man sie aber nur im Notfall. Und nicht, weil es draußen gerade so schön grün ist und man mal einen Spaziergang wagen könnte.

Eine neue Runde, eine neue Runde

In der unspektakulären Praxis funktioniert unsere Soziokratie folgendermaßen: Wir treffen uns meist einmal wöchentlich, um Entscheidungen zu treffen, die uns alle angehen. Für weitreichende »Governance«-Themen ziehen wir uns einmal im Jahr für mindestens ein Wochenende in Klausur zurück. Bis zum Vorabend vor unserem wöchentlichen Jour Fixe tragen alle ihre Themen in einem speziellen Forum auf unserer internen Plattform ein. So kann jeder mit einem kurzen Blick einsehen, ob Entscheidungen auf dem Plan stehen, bei denen er sich unbedingt beteiligen will. Bei Kunden-, Zahnarzt- oder Friseurterminen kann man seine Meinung im Vorfeld an einen Vertreter weitergeben, der sie dann in der Runde vertritt.

Ansonsten gilt das Prinzip: Wer nicht kommt und sich auch nicht vertreten lässt, zeigt volles Vertrauen in die Entscheidung der anderen und trägt diese mit. Jede Entscheidung beginnt mit einem konkreten Vorschlag: Dominik schlägt zum Beispiel vor, in ein neues Büro umzuziehen. Anschließend folgt eine Informationsrunde, in der alle offenen Fragen geklärt werden – hier geht es noch nicht um einen Meinungsaustausch, sondern um ein Angleichen des Wissensstandes: Wo liegt das neue Büro? Wie groß ist es? Wie viel soll es kosten? Was muss man renovieren? Erst in der folgenden Meinungsrunde bekommt jeder kurz die Möglichkeit, sich zu dem Vorschlag

ES BERUHIGT UNGEMEIN,
ZU WISSEN, DASS ES
EINE NOTBREMSE GIBT.

zu äußern. Wohlwollend oder kritisch. Nacheinander bezieht jeder Stellung und sei es nur mit einem neutralen »ist mir egal«.

Was banal klingt, hat einen großen Effekt auf die Gemeinschaft. Wenn jeder einmal sprechen muss, wird jeder gehört. Häufig werden schwerwiegende Einwände schon allein dadurch verhindert, dass man sich in der Meinungsrunde einmal so richtig auslassen konnte: In der Gegend gibt es keinen ordentlichen Mittagstisch. Super, dass es getrennte Bereiche in den neuen Räumen gibt, da könnten wir parallel mehrere Workshops anbieten. Wir mussten erst mal ganz schön viel umbauen – das wird teuer und braucht vor allem Zeit. Nebenan ist ein Jugendprojekt untergebracht, das spricht für eine tolerante, angenehme Nachbarschaft. Dadurch, dass jeder sein Know-how und seine individuelle Sichtweise einbringt, werden Entscheidungen informierter und besser. Und vor allem werden sie akzeptiert. Es bleibt Raum für riskante, überraschende, unbequeme Entscheidungen, weil nicht bloß der Durchschnitt aller Meinungen ermittelt wird. Nach dem ersten Austausch von Argumenten und Stimmungen schließen wir meistens mindestens eine zweite Meinungsrunde an.

In dieser zweiten Runde sieht das Meinungsbild oft schon ganz anders aus. In der Soziokratie verliert man nicht sein Gesicht, wenn man seine Meinung mittendrin ändert, ganz im Gegenteil. Weil wir nicht davon ausgehen, von vornherein alles wissen zu können, zeugt eine Meinungsänderung eher von einem wachen Geist und starken Charakter. In der Meinungsrunde ist auch ausdrücklich Raum für Emotionen. Wir versuchen immer, die Intuition mit Argumenten zu verknüpfen. Wieso macht dich der Vorschlag so wütend? Warum bereitet dir der Umzug Sorge? Schließlich kommt die Entscheidungsrunde: Der Vorschlag wird noch einmal zusammengefasst, und reihum sagt jeder, ob er damit leben kann oder eben nicht. Es gibt also keine geheime, anonyme Abstimmung, sondern einen transparenten Austausch von Argumenten. Sofern es keine begründeten Argumente gegen den Vorschlag gibt, wird er beschlossen. Dark Horse zieht trotz unklarer Mittagessensituation und nötigem Investment in ein neues Büro um. Natürlich wird die Entscheidung dokumentiert und in elektronischer Form allen Horses mitgeteilt. So viel Bürokratie muss sein.

Bei solchen Entscheidungen ging es anfangs immer in der Meinungsrunde furchtbar laut und chaotisch zu. Nach wie vor dominierten die extrovertierten Teammitglieder, die introvertierten zogen sich zurück, alle waren unzufrieden und die Ergebnisse auch eher mau. Deshalb bestimmen wir nun für jedes Meeting einen Moderator, der temporär der Alleinherrscher über die Kommunikation ist, der streng darüber wacht, dass alle Meinungen zur Geltung kommen. Der herrschaftsfreie Diskurs braucht einen temporären Diktator. Vorübergehend muss er seine eigene Meinung hintenanstellen und dafür sorgen, dass alle Meinungen gehört werden.

Besonders am Anfang war diese Aufgabe eine große Herausforderung. Wir haben sie daher regelmäßig rotieren lassen, so dass alle nachvollziehen können, was es bedeutet, einen wilden Haufen wie uns zu disziplinieren. Oft haben wir uns darüber gestritten, wer denn nun eigentlich mit seinem Redebeitrag an der Reihe sei, oder den Moderator bezichtigt, die Falschen zuerst drangenommen zu haben. Nicht besonders zielführend. Um das zu vermeiden, haben wir uns darauf geeinigt, uns wie früher in der Schule zu melden, erweitert um ein kleines Detail, das es dem Moderator erleichtert, die richtige Reihenfolge einzuhalten. Der Erste, der sich in einer Diskussion meldet, streckt genau wie in der Schule einen Finger nach oben. Möchte nun noch jemand seinen Text loswerden, so streckt er zwei Finger. Der Dritte, der sich meldet, nutzt drei Finger und so weiter. Sobald der Erste in der Runde dran ist, kann Nummer zwei einen Finger runternehmen und wird so zu Nummer eins; Nummer drei wird zu Nummer zwei. Sollten in einem großen Team mal mehr als eine Hand nötig werden, nutzen wir vorübergehend wieder den Reihum-Modus, bis sich die Wogen geglättet haben. So simpel wie wirkungsvoll.

Unser zweites Handzeichen ist ein Über-Kopf-Wedeln. Gut sichtbar für alle bewegen wir eine Hand über dem Scheitel vor und zurück. Dieses Zeichen steht für »Das sehe ich auch so, das wollte ich auch sagen« und hilft uns, genau diese Sätze zu vermeiden. Durch das visuelle Zeichen kann jedes Teammitglied schnell und unkompliziert seine Zustimmung ausdrücken, alle bekommen einen Überblick über das Meinungsbild, und Wortbeiträge gibt es nur noch zu wirklich neuen Gedanken. Durch diese zwei Handzeichen haben unsere Moderatoren heute gar nicht mehr viel zu tun. Wir disziplinieren uns inzwischen selbst.

Mitarbeiter, die tatsächlich mitarbeiten

Das Instrument des schwerwiegenden Einwands ist kein theoretisches Gedankenkonstrukt, sondern kommt in unserem Arbeitsalltag immer wieder zum Einsatz. Beispielsweise waren Ioana und Ludwig dagegen, Design-Thinking-Tagesworkhops anzubieten. Sie argumentierten, dass wir dadurch fälschlicherweise vermitteln würden, man könne sich an nur einem Tag eine komplexe Kultur und Denkweise aneignen. Der Vorschlag war in der Form durch diesen begründeten, schwerwiegenden Einwand vorerst vom Tisch. Mit all ihren Runden und Revisionen wirkt die Soziokratie im Gegensatz zu klassischen, hierarchischen Prozessen aufwendig und langwierig. Für Führungskräfte, die es gewohnt sind, Entscheidungen alleine oder mit wenigen Kollegen zu treffen, sowieso.

In Wahrheit macht die Soziokratie alle Elemente der Entscheidungsfindung transparent und zugänglich. Uns geht es nicht um ein für alle Mal perfekte Lösungen, sondern immer um den aktuell praktikabelsten Ansatz und darum, dynamisch auf Veränderungen reagieren zu können. Dass wir heute doch eine regelmäßige Workshopreihe für jedermann anbieten, liegt auch daran, dass wir das Format im Vergleich zum ersten Vorschlag erheblich modifiziert haben: Bei unserer Design Thinking Workshop Class können Teilnehmer Elemente der Methode kennenlernen, um anschließend besser beurteilen zu können, ob sie tiefer einsteigen wollen. Aus Ioanas und Ludwigs schwerwiegendem Einwand war ein wohlwollendes »warum nicht?« geworden.

Bei unserer derzeitigen Unternehmensgröße können wir unser Organisationsmodell so flach halten, wie es ist. Für größere Organisationen sieht die Soziokratie ein Modell aus Delegierten und miteinander verbundenen Entscheidungskreisen vor. So werden Unternehmen in ungleiche, aber gleichwertige Ebenen geteilt. Und es gibt durchaus Firmen mit mehr als 30 Mitarbeitern, die mit solch partizipativen Organisationsmodellen experimentieren: Das Softwareunternehmen für Computerspiele Valve beschäftigt 200 Mitarbeiter und Mitarbeiterinnen und organisiert sich seit 1996 vollständig ohne Chefs und Management – und entwickelt unfassbar erfolgreiche Spiele wie das innovative Portal 2 und Counterstrike, die Mutter aller Ego-Shooter. Auch der amerikanische Onlineversand zappos mit 1500 Mitarbeitern und einer Milliarde Dollar Jahresumsatz verkündete im Frühjahr 2014, sein Organisationsmodell auf Holacracy – die kommerzielle Schwester der Soziokratie – umstellen zu wollen. Das brasilianische Maschinenbauunternehmen Semco führte in den 1990er Jahren eine radikale Umstrukturierung des Unternehmens durch, setzte eine konsequente Partizipation der Mitarbeiter um und vervielfachte trotz Rezession seinen Umsatz innerhalb von wenigen Jahren. Diese Beispiele zeigen, dass ein Umdenken in Richtung hierarchiefreie Unternehmensstrukturen möglich ist. Dem kommerziellen Einfach-mal-so-überstülpen von Soziokratie oder Holocracy auf ein Unternehmen stehen wir allerdings skeptisch gegenüber. Im Sinne der Designifizierung herrschen schließlich überall andere Rahmenbedingungen und Kontexte, die ein Patentmodell schwierig machen.

Die Revolution braucht nämlich Ressourcen: Soziokratie ist kein Selbstläufer, sondern erfordert Geduld, Disziplin und eine entsprechende Unternehmenskultur. Wenn alle ein bisschen mitreden dürfen, aber im Zweifel doch der Chef entscheidet, wenn Kollegen Informationen zurückhalten oder Einwände vom Tisch gefegt werden, funktioniert Soziokratie nicht. Sie garantiert auch keine permanente Harmonie. Wie in echten Familien wird auch in unserem Wahlfamilienunternehmen nicht nur gekuschelt, sondern auch offen kritisiert.

Wer zum Jour Fixe bei Dark Horse vorbeikommt, erlebt, dass die Kuschelkohorte auch streiten kann. Aber holla! Bei uns knallt es eigentlich jede Woche. Nur eben geregelt. Diese Mini-Gewitter sorgen dafür, dass sich nicht über lange Zeit Unzufriedenheit und Meinungsgrüppchen herausbilden. Als Pascals Bruder einmal bei unserem wöchentlichen Entscheidungstreffen zugegen war, kommentierte er hinterher verwirrt: »Zwischendurch ging's ja ganz schön heiß her bei euch. Da war sich ja eigentlich niemand mit keinem einig. Ich habe gedacht, ihr hasst euch alle und kämpft jetzt für immer bis aufs Blut gegeneinander. Und dann war plötzlich alles vorbei, ihr habt etwas entschieden, was ich nicht verstanden habe, und alle waren wieder lieb miteinander. Entweder ihr seid unglaublich kindisch oder ekelhaft erwachsen.« Soziokratie ist quasi designifizierte Entscheidungsfindung: kollaborativ und trotzdem individuell, konkret und trotzdem iterativ. Dennoch bleibt auch Soziokratie lediglich ein Hilfsmittel auf dem Weg zum hierarchiefreien Arbeiten und ist noch keine Lösung als solche. Sie macht sich keine Gedanken und nimmt einem keine schweren Entscheidungen ab.

Im Gegenteil, in der Soziokratie müssen Mitarbeiter tatsächlich mitarbeiten. Alles muss man selber machen, bequem geht anders. Daniela hat unser Organisationsmodell mit dem, das sie aus der Freitagswelt kennt, einmal folgendermaßen verglichen: »Wenn ich an meinen Ex-Chef aus der Freitagswelt denke, fallen mir ein paar Stichworte ein: ziemlich kluger und charismatischer Typ, ein bisschen zu viel Posing für meinen Geschmack, er will immer vor allem »schnelle Entscheidungen treffen« und ich freue mich, dass endlich jemand den schwer erreichbaren CTO unter Kontrolle bekommt.

Wenn ich bei Dark Horse an meinen Chef denke, muss ich automatisch an die Teams denken, in denen ich zuletzt gearbeitet habe, und mir fallen andere Stichworte ein: In dem Projekt müssen wir proaktiver ins Marketing gehen, oder in jenem Projekt hat die Nutzeranalyse prima funktioniert. Das verdeutlicht mir zwei Dinge: Wenn ich in einer hierarchisch strukturierten Organisation arbeite, neige ich dazu, unangenehme Entscheidungen und Verantwortung auf die nächsthöhere Instanz zu verlagern oder zumindest gedanklich dorthin zu projizieren. Ich habe immer eine Ausweichmöglichkeit, um unangenehme Beziehungen, Konstellationen, Prozesse oder Sachverhalte nicht selbst lösen zu müssen. Wenn mich bei Dark Horse etwas stört oder ich von einer Idee begeistert bin, bin nur ich allein dafür verantwortlich, dass meine Gedanken Gehör finden und mit meinem Team gelöst werden. Die Gruppe gibt mir die Sicherheit, die ich in der Freitagswelt meinem Chef allein überlasse – und dort auch Gefahr laufe, dass er falsch entscheidet, weil er nicht alle Bedingungen kennt.« Soziokratie ist verdammt komplex. Und genau deswegen auch so geeignet für eine verdammt komplexe Welt.

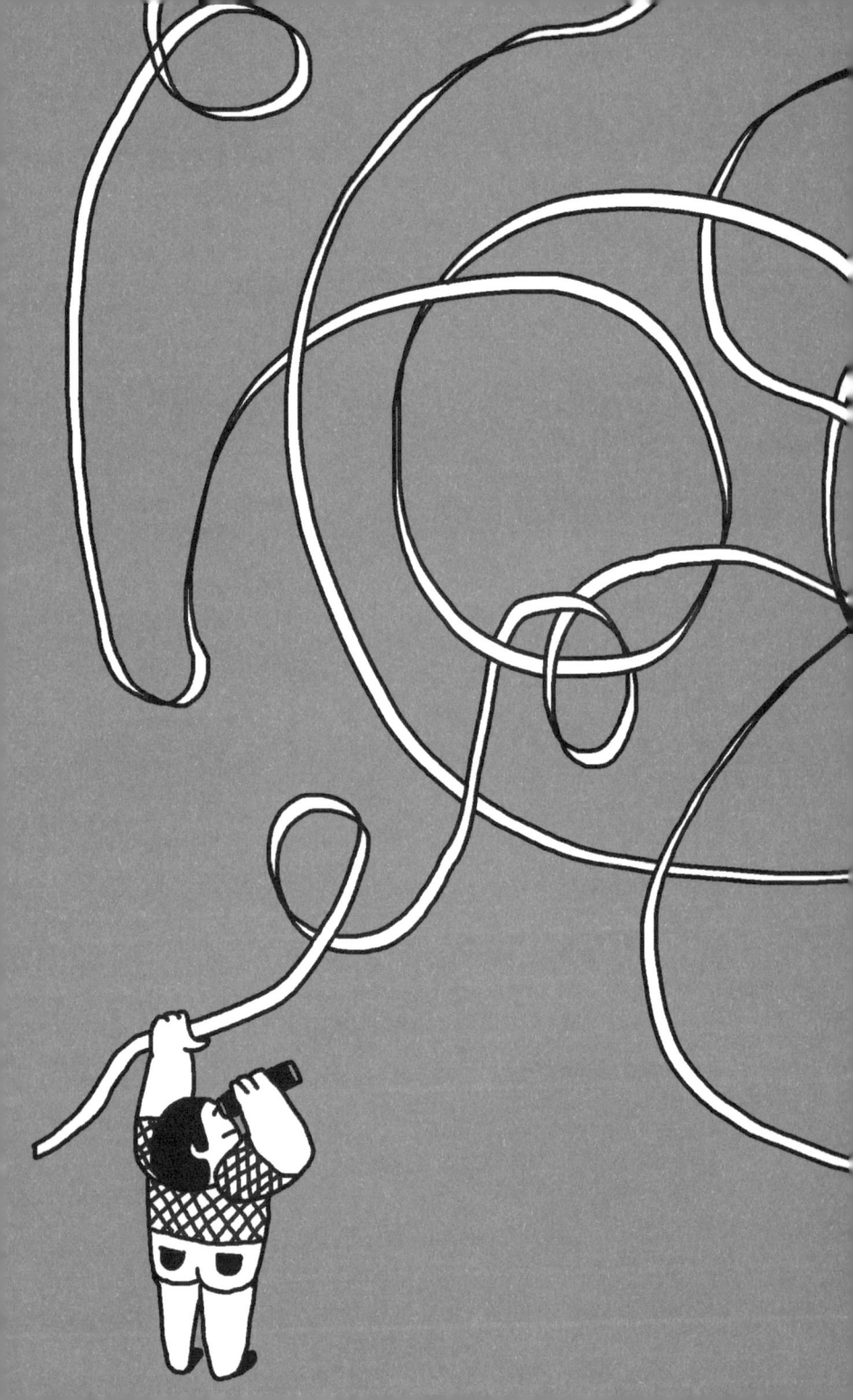

**KOORDINATION
OHNE KONTROLLE**

Und wenn sie nicht gestorben sind, dann kontrollieren sie noch heute

Es war einmal eine große Firma, die tolle Produkte herstellte und verkaufte. Diese Organisation gab Tausenden Menschen Lohn und Lebensstruktur. Leider gab es auch noch andere Unternehmen, die ähnliche Dinge produzierten. Die Firma stand mit ihnen im Wettbewerb und musste sich immer wieder aufs Neue behaupten. Weise Männer lenkten das Schicksal der Firma. Allerdings hatten einige der Männer noch nie etwas mit den Produkten der Organisation zu tun gehabt. Viele von ihnen hatten sich zumindest seit Jahren nicht mehr an dem Produkt die Hände schmutzig gemacht. Die weisen Männer erkannten natürlich sofort, dass sie unter diesen Umständen niemals gute Entscheidungen würden treffen können. Um das Unternehmen lenken zu können, mussten sie mehr darüber wissen. Sie entwickelten einen passgenauen neuen Ansatz: Die Ingenieure der Firma bekamen die Auflage, jede Woche fünf Zeichnungen fertigzustellen. Pro Monat sollte mindestens ein Drittel davon 4,6 Punkte auf dem firmeninternen Innovationsindex erreichen, den eine andere Abteilung in mühevoller Kleinarbeit erstellt hatte. Die besten Konzepte der Ingenieure wurden ausgewählten Kunden vorgelegt. Die Zeichnungen, die mindestens einen Wert von 5,2 auf dem Begeisterungsindex erreichten, wurden an die Produktionsabteilung weitergeleitet. Nach anfänglichen Schwierigkeiten stellte das Controlling im Benchmarking fest, dass die Organisation immer bessere Ergebnisse lieferte: Die Ingenieure der Firma produzierten mehr Zeichnungen und erreichten im Vergleich zu ihren Konkurrenten höhere Punktzahlen auf allen Indexen. Umso weniger konnten die weisen Männer verstehen, warum der Wettbewerber im Verkauf die Nase vorn hatte und sich bei den Konsumenten einer größeren Beliebtheit erfreute. Wussten die denn nichts von den hervorragenden Zahlen? Die weisen Männer fragten andere Männer um Rat, die im Wesentlichen wie sie selbst waren, nur nicht verantwortlich für das Schicksal der Firma. Die lobten das System der

Firma, bemängelten aber, dass die Männer nicht konsequent genug gewesen waren. Womöglich hatte jemand getrickst. Vielleicht hatten die Ingenieure Zeichnungen gefälscht oder die Kunden ihre Begeisterung vorgetäuscht – das musste ab sofort besser überwacht werden. Um dem Marktdruck standhalten zu können, wollten die Berater die Firma streamlinen und minderperformendes Personal und ineffiziente Produkte loswerden. Als sie nach ein paar Monaten mit einer hohen Rechnung und der Auswertung der Kennzahlen zurückkamen, hatten sie festgestellt, dass die weisen Männer selbst am wenigsten zur Wertschopfung des Unternehmens beitrugen.

Was nach einem absurden Märchen klingt, ist leider in vielen Unternehmen nicht weit von der Arbeitsrealität entfernt. Oft gilt das Motto: Kontrolle ist gut, Controlling ist besser. Der Grad der Selbstbeschäftigung kann dabei ins Unermessliche wachsen. Die Philosophie lautet: Wir schauen, was war, und leiten daraus ab, was sein wird. Klingt unglaublich einleuchtend. Die Bündelung von möglichst vielen oder zumindest möglichst relevanten Informationen an zentraler Stelle soll Führungskräften die Steuerung ihres Unternehmens und die Planung der nächsten Schritte erleichtern. Viele Manager streben danach, den Status quo möglichst umfassend zu durchdringen. In der Logik der Freitagswelt kann sich nur weiterentwickeln, wer möglichst alles, mindestens aber sein eigenes Unternehmen in- und auswendig kennt. Firmen, die weiterkommen wollen, müssen wissen, wo sie stehen. Wie schneiden wir im Vergleich zum Wettbewerb ab, wie kommen unsere Produkte und Services bei den Kunden an, und welchen Beitrag leisten die Mitarbeiter dafür?

All diese Zahlen, Daten, Fakten helfen den Managern festzustellen, ob das Unternehmen seine Ziele erreicht und da ankommt, wo es hinwill. Wo genau es hinwill, das haben die selben Manager auf Basis eines früheren Status quos vorab festgelegt. Sollten die Führungskräfte feststellen, dass das Unternehmen sein Ziel verfehlt, sammeln sie so lange noch mehr Informationen über noch mehr Bereiche, bis die Schuldigen ausgemacht sind. Das große Versprechen des Industriezeitalters, das Taylor'sche[18] Paradigma der Analyse und Automatisierung, wird von Abertausenden Strategie- und Managementberatern tagtäglich erneuert. Eine Methode, einmal angewendet und zur Perfektion gebracht, die alle Probleme lösen wird. Wer A weiß, kann auch B tun. Sind dann doch nicht alle Probleme gelöst, liegt das natürlich nur an der nicht konsequenten Anwendung des Management-Paradigmas.

Problematisch dabei ist, dass sich die Rahmenbedingungen heutzutage ständig wandeln. Ändern sich die Prämissen, versagen die linearen Prinzipien des »Scientific Managements«. Wenn A nicht mehr gilt, und man trotzdem auf B setzt, kommt ziemlich schnell unverständliches Kauderwelsch heraus. In der heutigen komplexen, interdependenten Wissensökonomie funktioniert das Management nach Fließband-Logik nicht mehr. Ein Aspekt, der in dem betriebswirtschaftlichen Kunstwort »Controlling« mitschwingt, ist in der postindustriellen Arbeitswelt ganz besonders fragwürdig: die Kontrolle der eigenen Mitarbeiter. Die Toleranzschwelle der Generation Y für langatmige Bürokratie, elaborierte Formalien und umständliche Prüfmechanismen ist niedriger als das Niveau am Ballermann. In der Freitagswelt sind Koordination und Kontrolle der Arbeit allerdings oft so eng verwoben, dass der Eindruck entsteht, junge Mitarbeiter hätten keine Lust, sich ins Zeug zu legen.

Das Gegenteil ist der Fall: Wir Jungen wollen sehr gern arbeiten. Nur wollen wir dabei ungern Zeit und Energie mit der Verwaltung, Überwachung und kleinteiligen Überprüfung unserer Arbeit verlieren. Wer wann wo ist und wem was kommuniziert wird, kann mit digitalen Hilfsmitteln besser als je zuvor überprüft und nachverfolgt werden. Organisationen stellen ihre Mitarbeiter unter Generalver-

---

18 Frederick Winslow Taylor: *The Principles of Scientific Management*, New York 2006.

dacht und holen zum digitalen Präventivschlag aus. Die Daten-Sammelwut läuft allerdings ins Leere. Qualitative Wissensarbeit lässt sich schwer messen. Man kann zwar prüfen, wie effizient Mitarbeiter Probleme lösen oder wie viele Ideen sie produzieren. Wie effektiv sie dabei sind, ob sie also relevante Probleme lösen und Ideen generieren, die das Unternehmen tatsächlich weiterbringen, zeigt sich erst in der Rückkopplung. Albert Einstein wird die Erkenntnis zugeschrieben, dass alles, was gezählt wird, nichts zählt, und dass das, was zählt, nicht gezählt werden kann. Im Versagen der Controlling-Logik für komplexe Wissensarbeit schlummert ein enormes Emanzipierungspotential: Mitarbeitern bestimmte Freiheiten zu gewähren, ist nicht länger lediglich eine nette Geste des Arbeitgebers. Es ist vielmehr ein grundlegender Faktor für den Unternehmenserfolg.

Bei Dark Horse haben wir das Controlling entheddert und geprüft, welche Aspekte davon für unsere Arbeit wichtig sind und welche wir getrost im 20. Jahrhundert lassen können. Controlling im Sinne von Mitarbeiterkontrolle gibt es bei uns nicht. In unserem Wahlfamilienunternehmen entscheidet jedes Projektteam autonom über alles Operative, unsere flexiblen Teams haben volle Entscheidungshoheit. Ohne Management auch kein Mikromanagement. Strategische Entscheidungen treffen wir gemeinsam. Was alle angeht, können alle beeinflussen.

Controlling im Sinne von koordiniert planvollem Handeln brauchen wir natürlich trotzdem. Wir haben uns ja auch deshalb zusammengeschlossen, weil wir keine Lust hatten, uns als vogelfreie Freischaffende allein durchzuschlagen. Wir müssen wissen, wo unser Unternehmen als Ganzes steht und ob es wirtschaftlich funktioniert. Dazu kontrollieren wir ganz konventionell, ob unsere Produkte den Nerv und Geldbeutel unserer Kunden treffen und ob unsere Einnahmen unseren Ausgaben entsprechen. Buchhaltung muss sein. Wir sind vielleicht naiv, aber nicht blind. Zu wissen, wo wir stehen, reicht uns meistens schon. Wo wir hinwollen, schauen wir unter-

DAS HABEN WIR IMMER SCHON SO GEMACHT

wegs. Dadurch, dass all unsere Handlungen an unserer gemeinsamen Vision ausgerichtet sind, können wir sowohl auf kleinteilige
Zwischenziele als auch auf die ganz großen Buzzwörter als Unter-
nehmensstrategie verzichten.

Unsere Strategie lautet Flexibilität. Das bedeutet nicht, dass wir
ziellos durch das Geschäftsleben irren. Es bedeutet vielmehr, dass wir
planen, indem wir handeln, und nicht, indem wir diskutieren. Das ist
beileibe kein Blindflug, sondern ein Sichtflug, den wir dem Strategie-
Autopiloten vorziehen. Wir befassen uns mit Problemen erst dann,
wenn sie auftreten. Uns geht es nicht um das Erreichen vorgegebener
Ziele mit vorgeschriebenen Mitteln, sondern darum, unsere Ziele
dem momentan Sinnvollsten anzupassen und die entsprechenden
Mittel zu wählen. Anstatt das zu tun, was wir uns einst vorgenommen haben, oder gar pflichterfüllend das, was man nun mal so macht,
geht es uns um gute Ergebnisse. Work that works.

Dinge geregelt kriegen ohne einen Funken Fremddisziplin

Die Gefahr dabei ist natürlich, dass wir uns Orientierungslosigkeit
als Richtungswechsel schönreden und die linke Hand nicht weiß,
was die rechte macht. Gerade in unserer fluiden, agilen Struktur ist
es für uns extrem wichtig, nicht den Überblick zu verlieren und zu
wissen, ob alle Mitarbeiter auch tatsächlich mitarbeiten und alle
wichtigen Aufgaben zuverlässig erledigt werden. Wenn jeder alles
machen kann, können auch alle nichts machen. Offene, nicht über-
wachte Gemeinschaften sind geradezu eine Einladung an Freerider,
die Vorteile der Gruppe zu genießen, ohne sich aktiv einzubringen.
Der Teeküchenklassiker »TEAM – Toll Ein Anderer Macht's« bringt
das Phänomen der sozialen Faulheit auf den Punkt. Das Bedürfnis
hinter der Kontrolle, die in vielen Unternehmen herrscht – die Aktivitäten der Mitarbeiter so abzustimmen, dass sie dem Unternehmen
möglichst viel bringen –, ist auch bei uns grundlegend. Aber wie geht
Koordination ohne Kontrolle? Planung ohne Planer? Arbeit ohne

externen Druck? Wie lassen sich unkontrollierte Mitarbeiter organisieren? Wie kann eine Firma überhaupt etwas erreichen, wenn alle immer nur machen, worauf sie gerade Lust haben? Funktioniert eine Organisation als Ganzes, deren einzelne Teile komplett frei sind? Wie lassen sich Arbeitszeit, Kommunikation und Arbeitsräume so gestalten, dass sich individuelle Bedürfnisse und Ziele mit denen der Gemeinschaft ausbalancieren lassen?

Wandel als konstantes Organisationsprinzip etabliert sich seit einigen Jahren auch in der Software und Webentwicklung. Bei einem unserer Grundprinzipien, der freiwilligen Selbstkoordination, haben wir uns stark von der agilen Softwareentwicklung inspirieren lassen. In der traditionellen Softwareentwicklung erstellten Produktmanager und Projektleiter ein sogenanntes Lastenheft. Ein Lastenheft ist eine umfassende Liste mit geforderten Funktionalitäten, welche die Programmierer in dem zu entwickelnden Programm umsetzen sollen. Schlussendlich treten Gestalter und Marketingfachleute auf den Plan, um die neue Anwendung aufzuhübschen und zu verbreiten.

In der agilen Softwareentwicklung arbeiten all diese Disziplinen von Anfang an in einem Team. Wenn das Team eine gemeinsame Vision zum Produkt hat, funktioniert diese Zusammenarbeit gut. Dabei geht es explizit nicht um die genauen Funktionen und Verästelungen, sondern um den Mehrwert, den Anwender von dem Programm haben sollen. Wie genau dieser Mehrwert generiert wird, stellt sich im Laufe des Projekts heraus. Diese Anforderungen aus Nutzersicht, die sogenannten User Stories, dienen dem Team als Leitfaden, um Ideen und Projektfortschritte immer wieder zu prüfen.

Die agilen Teams arbeiten nicht nach linearen Prozessen, sondern in iterativen Schleifen nach dem Prinzip Versuch – Irrtum – besserer Versuch. Teilweise testen die Teams ihre Entwicklungen intern, teilweise werden diese »minimum viable products«, also gerade so funktionierenden Produkte, direkt veröffentlicht, um sie unter realen

Bedingungen und mit echten Nutzern ausprobieren zu können. Agile Softwareentwicklung und Designifizierung haben vieles gemeinsam: Kooperation, Nutzerzentriertheit und Iteration. Deshalb haben wir uns für die Organisation unserer täglichen Arbeit zwei wichtige Instrumente von den Softwareentwicklern abgeschaut:

• Selbstgesteckte, bei Bedarf flexible, aber vorübergehend bindende Grenzen
• Maximale Transparenz, was innerhalb dieser Grenzen passieren soll, darf und kann

Immer nur informell funktioniert nicht. Um gemeinsam komplexe Probleme bearbeiten zu können, setzten wir uns selbst strenge Grenzen, sind aber innerhalb dieser Grenzen maximal offen. Dieses abstrakte Prinzip haben wir in ein Set ganz konkreter Regeln zu unserer Arbeitszeit, unserer Kommunikation und zur Nutzung unserer Arbeitsräume übersetzt.

In regelmäßigen Abständen prüfen wir, ob die Regeln noch funktionieren oder ob die Umstände sich so geändert haben, dass es Zeit für neue Regeln ist. Prinzipiell mit einer Regel einverstanden zu sein, hilft, sie auch zu befolgen. Weil uns im Alltag trotzdem oft Zeitmangel, Emotionen oder schlicht Faulheit überwältigen, haben wir zudem Mechanismen, die uns helfen, im Rahmen unserer selbstgesteckten Regeln zu handeln. Unsere freiwillige Selbstkoordination in all diesen Bereichen ermöglicht es uns, mit dem großen Paradox umzugehen, vor dem jede Organisation steht, und das so bezeichnend für die Generation Y ist: die Vereinbarung von individueller Selbstbestimmtheit und stabiler Kooperation.

Ergebnisoffener Ergebnisfokus

Der britische Soziologe Northcote Parkinson[19] veröffentlichte schon in den 1950er Jahren einige satirische »Gesetze« zum Wesen der Arbeit. Das bekannteste davon lautet: »Work expands so as to fill the time available for its completion.« Arbeit breitet sich in dem Maße aus, wie Zeit für ihre Erledigung zur Verfügung steht. Wir haben diesen Lehrsatz umgedreht und pressen unsere Projekte freiwillig in ein enges, mitunter zwickendes Zeitkorsett. Sobald die Gesamtdauer eines Projekts feststeht, machen sich die Teammitglieder gemeinsam Gedanken über den Zeitplan. Dabei gilt nicht, wer A sagt, muss auch B sagen, sondern wer schon C gesagt hat, muss vielleicht trotzdem noch einmal A oder B sagen. Unser Plan ist immer so gestrickt, dass genügend Zeit für Veränderungen bleibt. Meist planen wir am Anfang eines längeren Projekts einen Tag ein, an dem wir alle Projektphasen von der Recherche bis zum Test durchlaufen. Lernen im Schnellmodus. Und auch nach diesem »Fast-Forward Tag« legen wir immer im Vorhinein fest, wie viel Zeit wir uns für den anstehenden nächsten Schritt geben. Dabei denken wir nicht nur in Wochen oder Tagen, sondern auch in Stunden und Minuten.

Wir projektifizieren unsere Projekte, indem wir sie in Mikroabschnitte mit Mikrozielen einteilen. Das hat nichts mit Mikromanagement im Sinne kleinteiliger Überwachung zu tun, wohl aber mit Überschaubarkeit großer Aufgaben. Wenn man unübersehbar unübersichtliche Tätigkeiten vor sich hat, flüchtet man sich schnell in Prokrastination und putzt die Fenster, aktualisiert den Facebookstatus oder ruft endlich mal wieder die Oma an. Stattdessen zerpflücken wir im Team die Arbeit in kleine Arbeitspakete, die sich innerhalb von zehn min bis zwei Stunden oder in maximal einem Tag erledigen lassen. Der Zeitdruck und die Pflicht, dem Rest des Teams nach Ablauf

---

19 C. Northcote Parkinson: *Parkinsons Gesetz und andere Studien über die Verwaltung*, Düsseldorf 2005.

der Zeit ein Ergebnis zeigen zu müssen, erzeugen positiven Stress, der ungeheuer produktiv macht. Die ständig drängenden Deadlines retten uns vor unserer selbstverschuldeten Untätigkeit, indem sie uns zur seriellen Aufgabenmonogamie zwingen.

Unser striktes Mikrozeitmanagement ermöglicht es uns, Vielfalt zuzulassen und trotzdem zum Punkt zu kommen. Wir zwingen uns weiterzumachen, auch wenn wir noch nicht fertig sind und es noch viel zu sagen und zu denken gäbe. Wir zwingen uns, frühzeitig Risiken einzugehen und schnelle Entscheidungen zu treffen. Für Team-Externe sind viele der schnellen Entscheidungen schwer nachvollziehbar, sie scheinen mitunter recht willkürlich. Das Projektteam hat sich aber durch die intensive Recherche ein professionelles Bauchgefühl erarbeitet und kann intuitiv Entscheidungen treffen.

Besonders Führungskräften fällt es oft schwer, solche »vorschnellen«, »irrationalen« und rein qualitativen Entscheidungen zu treffen. Sie diskutieren über mögliche Auswirkungen, eventuelle Konsequenzen und potentielle Folgen. Vorauszudenken ist ja schließlich ihre Aufgabe. Wir versuchen der Welt des Konjunktivs durch Voraushandeln ein Stück seiner Macht abzutrotzen. Wir fragen uns nicht, »was wäre, wenn«, sondern probieren es aus. Der Trick ist: Je schneller man sich entscheidet und weiter die Prozesse bis zum Ende durchläuft, umso schneller scheitert man, lernt aus den Fehlern und kann noch mal von vorne beginnen. Ein sehr bekanntes, aber immer wieder beeindruckendes Beispiel ist die Marshmallow Challenge[20]: Unterschiedliche Teams bekommen die Aufgabe, einen Turm aus Spaghetti und Klebeband zu bauen, auf dessen Spitze ein Marshmallow thronen soll. Das Team, das den höchsten alleinstehenden Turm baut, gewinnt. Diese Aufgabe wurde branchenspezifisch durchgeführt – mit BWLern, Ingenieuren, Geisteswissenschaftlern und Kindergartenkindern. Jedes Mal gewinnen die Kinder. Jedes Mal. Weil sie einfach

---

20 www.marshmallowchallenge.com, (09.07.2014).

anfangen zu bauen, auszuprobieren, bis der Turm fällt und sie es anders versuchen. Sie arbeiten intuitiv iterativ. Die BWLer hingegen beginnen häufig mit einem Plan, die Ingenieure zeichnen Skizzen, die Geisteswissenschaftler fangen an zu diskutieren. Dadurch haben sie nur einen Versuch – sofern sie innerhalb des vorgegebenen Zeitrahmens überhaupt noch zum Bauen kommen.

Work-Work-Balance. Über das Ende der Arbeitszeit

»Jene Manager und Führungspersönlichkeiten, denen es gelingt, das Verlangen ihrer Mitarbeiter nach einer neuen Balance zwischen Beruf und Privatem zu organisieren, werden in Zukunft die Nase vorn haben«[21], stellt Ursula Kosser in *Ohne uns* über die sich verändernden Arbeitgeberbedingungen fest. Kerstin Bund schreibt als Vertreterin der Generation Y in ihrem Buch *Glück schlägt Geld*: »Meine Generation kennt keinen Feierabend mehr. Nicht, weil wir ununterbrochen arbeiten würden, sondern weil wir zwischen Beruf und Freizeit keine klare Grenze mehr ziehen. Wir lesen auch nach Feierabend Arbeitsmails, wollen dann aber im Büro Facebook nutzen dürfen oder die neuen Schuhe bei Zalando bestellen.«[22]

Dass der Ehemann arbeitet, während die Ehefrau mit dem Sohn zur Impfung geht, einkauft und in der magischen Zeitspanne zwischen neun und fünf auch den Handwerker, der die Heizung für den Winter entlüften soll, betreut, ist längst ein überholtes Szenario. Ladenöffnungszeiten, Ärzte und DHL-Päckchen waren lange Zeit auf geregelte Arbeitszeiten ausgerichtet und darauf, dass eine zu Hause bleibt. Unsere heutige Realität ist weit davon entfernt. Schließlich kann man jederzeit ein Hotel buchen, Pizza bestellen oder Nachrichten hören.

---

21 Ursula Kosser: *Ohne uns. Die Generation Y und ihre Absage an das Leistungsdenken*, Köln 2014, S. 143.
22 Kerstin Bund: *Glück schlägt Geld. Generation Y: Was wir wirklich wollen*, Hamburg 2014, S. 58.

Arbeit bedeutet für den Wissensarbeiter in erster Linie, Informationen zu verarbeiten und zu kommunizieren. Das geht nicht nur von überall aus, sondern auch immer. Gehirn und Internet haben keinen Ruhetag. In vielen Konzernen bekommen Chefs schon lange eine Benachrichtigung, wenn Teammitglieder länger als zehn Stunden arbeiten oder gesetzlich vorgeschriebene Pausenzeiten nicht einhalten. Sind Angestellte länger als die vertraglich vereinbarten 38,5 Stunden in der Woche am Arbeitsplatz, bekommen sie Überstunden gutgeschrieben. So weit so gut. Seit Arbeitnehmer mit ihrem Vertrag allerdings auch Smartphones ausgehändigt bekommen, stößt das ortsansässige Zeiterfassungssystem an seine festverankerten Grenzen: Mitarbeiter sind nun auch nach Feierabend erreichbar, skypen aus dem Urlaub und lesen am Sonntag noch kurz die inzwischen eingegangenen E-Mails der Kolleginnen und Kollegen. Zum Wohle seiner Mitarbeiter führt der fürsorgliche Konzern elektronische Schranken ein. Immer mehr Firmen blockieren nachts und am Wochenende den Zugang zu ihren Servern. Der gute Arbeitgeber schützt seine Arbeitnehmer davor, sich zu viel Arbeit zu nehmen. Weiter so, gut so?

Ein Freund von uns, nennen wir ihn Florian, arbeitet bei einem deutschen Maschinenbauunternehmen. Er hatte mit seinem Teamleiter vereinbart, das Büro um 15 Uhr zu verlassen, um seine Kinder von der Kita abzuholen und den Nachmittag mit ihnen zu verbringen. Die wichtigen Meetings fanden vormittags statt, und falls doch mal ein wichtiger Termin nach 15 Uhr war, hatten sie immer eine Regelung gefunden. Um 19 Uhr brachte Florian seine Kinder ins Bett. Am Abend, nach einigen Stunden Sandkasten und Bilderbuch, hatte er die Ruhe und Motivation, sich noch einmal an den Laptop zu setzen.

Bis seine Firma ab 19 Uhr den Zugang zum Server sperrte. Ein solch dogmatisches Denken mag gut gemeint sein, hilft aber wenig weiter. Mancher Mitarbeiter skypt vielleicht gern in seiner Urlaubswoche, um an einem wichtigen Meeting teilzunehmen – anstatt gar keinen

Urlaub machen zu können. Vielleicht geht er am Freitag gern früher und liest lieber am Sonntagabend seine Mails, um Montag gut vorbereitet zu sein. Florian übrigens ärgerte sich anfangs furchtbar über die neue Regelung, merkte dann aber, dass er das System einfach überlisten konnte. Er arbeitete weiter am Abend, nur erhielten seine Kollegen die entsprechenden E-Mails nicht mehr zwischen 19.30 Uhr und 21.30 Uhr, sondern alle exakt um 7.30 Uhr – wenn die Server wieder freigeschaltet wurden. Vielleicht helfen die strikten Serversperren, ähnlich wie Quotenregeln, als Zwischenschritt zu einer Unternehmenskultur, in der mündige Mitarbeiter als smarter gelten als ihre Telefone und selbst über ihre Arbeitszeiten entscheiden.

Zuckerbrot zum Selberschmieren

Bei Dark Horse bestimmen maximale Selbstbestimmung und Flexibilität die Tagesordnung: Jedes Projektteam entscheidet selbst, wann, wo und wie es arbeitet. Es gibt keine Kernzeit und keine Überstunden. Beschließt ein Team, nur nachts oder immer am Wochenende ins Büro zu kommen oder das ganze Projekt auf Saschas Dachterrasse zu bestreiten, steht es ihm frei, das zu tun. Außerhalb der gemeinsam getakteten Teamarbeitszeiten kann die Einzelarbeit erst recht frei in puncto Ort und Zeit erledigt werden: Jeong Hong macht nach dem Mittagessen gern ein Nickerchen auf dem Regal, Lisa geht eine Runde joggen. Pascal war gestern lange aus und kommt erst um 11.00 Uhr ins Büro, Ludwig kommt gar nicht und meldet sich aus Italien. Christian telefoniert mit seiner Mutter, und Greta schaut eine Folge ihrer Lieblingsserie. Arbeit und Leben sind nicht mehr in verschiedene Sphären getrennt, sie gehen ineinander über: Work-Life-Blending, so der Fachbegriff.

Nur weil Arbeit und Leben ineinander übergehen, heißt das jedoch noch lange nicht, dass sie deswegen nicht in Balance gebracht sein wollen. Es geht um ein ausgewogenes Miteinander statt einem strengen Nebeneinander. Mehr Kopfarbeit bedeutet nicht automatisch mehr Ergebnis, ganz im Gegenteil. Wer am längsten im Büro bleibt, ist nicht unbedingt am fleißigsten – sondern vielleicht nicht in der Lage, sich seinen Arbeitstag effizient und sinnvoll einzuteilen. Präsenz allein schafft noch keine Ergebnisse und schon gar keine Erfolge. Gehirnschmalz ist zwar eine prinzipiell unendlich verfügbare Ressource, sein Wirkungsgrad nimmt allerdings mit fortschreitender Nutzungszeit exponentiell ab. »By the eighth hour of the day, people's best work is usually already behind them (typically turned in between hours 2 and 6). In Hour 9, as fatigue sets in, they're only going to deliver a fraction of their usual capacity«, so die Zukunftsforscherin Sara Robinson in ihrem Artikel »Bring back the 40-hour work week«.[23] Dabei zitiert sie eine Studie, nach der Teams mit einem Arbeitspensum von 80 Stunden pro Woche genauso viel schaffen, wie Teams mit 40 Stunden pro Woche. Auch steige bei einer Arbeitszeiterhöhung um 50 Prozent die Arbeitsleistung nicht ebenfalls um 50 Prozent, sondern bleibe mit 25 bis 30 Prozent deutlich dahinter. Die bereitwillige Aufopferung für die Arbeit sei somit in vielen Fällen umsonst. Wer im Tagesgeschäft feststeckt, hat keine Zeit und Muße für Gedankensprünge. Für uns gehören Pausen genauso zur Arbeitszeit wie die Freizeit zur Arbeit insgesamt. Erfüllt erlebte Freizeit und ausreichend Schlaf helfen der Kreativität auf die Sprünge.

Ebenso wie an intensive Arbeitsphasen glauben wir an intensive Auszeiten – nur müssen die nicht zwangsweise vor 9 Uhr morgens und nach 5 Uhr abends stattfinden. Bio- und Lebensrhythmus strukturieren unsere Arbeitszeiten, nicht andersrum. Das erfordert natürlich mehr Koordination, Kommunikation und Selbstdisziplin, als sich einfach zwischen neun und fünf im Büro einzufinden. Mündigkeit ist anstrengend – und gerade deswegen sinnvoll. Wir wollen nicht quantitativ weniger Arbeit und schon gar nicht immer mehr, wir wollen qualitativ bessere Arbeit. Wir wollen nicht frei sein von Arbeit, sondern frei dabei sein. Gerade am Thema

---

23 www.bit.ly/1oBIINWR, (09.07.2014).

Arbeitszeit entzündet sich viel Kritik an der leistungsunwilligen Y-Kohorte: Sie fragen gleich im Vorstellungsgespräch nach Teilzeit, Sabbaticals, Pausenräumen und bezahltem Urlaub. Das alles sind für uns jedoch keine Arbeitsvermeidungs-, sondern Arbeitsermöglichungsmaßnahmen. Solange durch An- oder Abwesenheiten im Büro Projektziele nicht beeinträchtigt werden, kann bei Dark Horse jeder selbst entscheiden, was er wann tut. Die meisten Teams einigen sich übrigens ganz konventionell auf Montag bis Freitag, tagsüber und im Büro.

Ich schreibe was, was du nicht siehst

Für eine gelungene Kommunikation haben wir uns darauf geeinigt, interne Rundmails abzuschaffen. Ein Merkmal von E-Mails ist ihre Asynchronität: A kann B Montag um 21.30 Uhr eine E-Mail schreiben, B kann sie »erst« Dienstag um 9.30 Uhr lesen und beantworten – sofern die Unternehmenskultur das zulässt. Eine Mail zu schreiben, bedeutet daher allerdings häufig auch, erst mal nichts tun zu müssen. Eine Rückfrage stellen, den Termin abstimmen, noch eine Info einholen, auf die Antwort warten. Verantwortung an die nächsthöhere oder Aufgaben an die nächstniedrigere Stelle abschieben.

»Richtig« genutzt sind E-Mails das perfekte Prokrastinationswerkzeug: Wer viele E-Mails zu schreiben hat, ist immer gut beschäftigt, kann die eigentliche Arbeit aber auf später verlagern. Wir haben deshalb beschlossen, für Abstimmungen und andere Aufgaben, die zeitsynchron einfacher und schneller zu erledigen sind, auch die Werkzeuge zu nutzen mit denen man direkt und gleichzeitig kommunizieren kann: Chats, das gute, alte Telefon oder das noch viel ältere Aufstehen und Kurz-mit-den-Kollegen-sprechen. Voll Old School, voll effizient. Nachdem der Computer in fast allen Arbeitsbereichen Einzug gehalten hat, findet erneut eine Bewertung statt, ob er wirklich alles schneller und besser macht oder eher im Gegenteil Dinge verkompliziert und sogar verlangsamt.

Aber auch wenn es nicht darauf ankommt, wann jemand eine Information bekommt, gibt es längst bessere Instrumente als E-Mails. Vernetzt, flexibel, selbstbestimmt und kollaborativ zu arbeiten, erfordert einen arbeitskulturellen Wandel, der davon Abstand nimmt, informiert zu werden, und zunehmend in die Richtung geht, sich Informationen einzuholen. Google schickt mir ja auch keinen Newsletter. Um dezentral und zeitversetzt zu kommunizieren, nutzen wir ausschließlich unser Intranet.

Anstatt Informationen per E-Mail nach dem Gießkannenprinzip an alle zu verschicken, laden wir sie auf unseren Server oder auf eine Art internes Facebook hoch. Dort gibt es ein Forum, das alle Mitarbeiter sehen können, und verschiedene Gruppen zu einzelnen Themen oder Projekten, in die man ein- und wieder austreten kann. Jeder entscheidet so selbst, was er oder sie zu lesen bekommt und vor allem wann. Zu den einzelnen Beiträgen können Dokumente, Fotos, Videos oder Links hochgeladen werden, und andere Kollegen können die Einträge für alle sichtbar kommentieren. Zusätzlich lässt sich alles verschlagworten, so dass Beiträge zum selben Thema leicht zu finden sind. Wer mag, kann eine Umfrage starten, ein Event anlegen oder jemanden mit einer eigenen »Praise«-Funktion öffentlich loben. Wenn Wissen Macht ist und alle gleich viel Macht haben sollen, müssen auch alle die Chance auf gleiches Wissen haben.

Unsere Kommunikation auf den Plattformen hat auch einen stark sozialen Charakter. Bei seinem letzten Projekt reiste Ludwig kreuz und quer durch Deutschland – und teilte die Bilder seines Road Trips in unserer Plattform. Ähnlich war es bei Sascha, Christian und Manuel, die für ein Projekt längere Zeit im indischen Bangalore verbrachten und uns durch ihre Bilder auch an Stimmungen, Ärgernissen und Entscheidungen teilhaben ließen – und uns eine Führung durch ihre Hotelzimmer gaben.

Auch im digitalen Raum spiegelt sich die Kultur eines Unternehmens wider: Eine Ideenmanagementplattform lohnt sich nur, wenn Mitarbeitern der Freiraum zugesprochen wird, Ideen zu entwickeln und diese auch tatsächlich gemanagt werden. Einer unserer Auftraggeber beklagte sich bei uns über die geringe Auslastung der für teures Geld angeschafften internen »Idea Zone« – einer Plattform, auf der Mitarbeiter Ideen einreichen können. Außerhalb der digitalen Zone hatte sich in dem Unternehmen allerdings nichts geändert. Mitarbeiter hatten weder Zeit noch Methoden zur Ideenentwicklung an die Hand bekommen. Einige Kollegen hatten trotzdem erste Ideen aufgeschrieben, dann aber nie wieder von ihnen gehört.

Softwarelösungen allein lösen noch lange nichts. Was digital entsteht, muss analog weiterverfolgt werden und andersrum. Wissen, das auf einer Datenbank abgelegt wird, ist noch keine Expertise. Big Data erzeugt aus sich selbst heraus noch keine großen Durchbrüche. Technische Lösungen können Kommunikation unterstützen und bei der Verbreitung und Bearbeitung von Informationen helfen. Plattformen mit gesammelten Informationen können großartige Antworten liefern. Die richtigen Fragen stellen können sie nicht. In Plattformen mit sozialem Charakter steckt das Potential, eine Unternehmenskultur nachhaltig zu verändern – sofern sie vom Management nicht als Spielerei angesehen werden und die Schnittstellen zur analogen Welt definiert und besetzt sind.

Bei der Planung unserer Projekte, den Vereinbarungen zu Arbeitszeiten und Kommunikationsweisen sind uns letztlich die gleichen Elemente wichtig: Wir wollen unsere Arbeit unseren Bedürfnissen anpassen und sie nicht ins Korsett vermeintlicher Normen zwängen. Wir wollen arbeiten, wie es für uns und unsere Auftraggeber sinnvoll ist, und nicht, wie es uns technische Möglichkeiten oder aktuelle Gepflogenheiten diktieren. Wir wollen in einer Atmosphäre arbeiten, die Kollaboration ermöglicht und sowohl die Gemeinschaft als auch den Einzelnen respektiert. Unsere Arbeit soll erfüllend und sinnstif-

tend sein. Diese Vorstellungen und Werte wollen wir in den Arbeitsmarkt tragen.

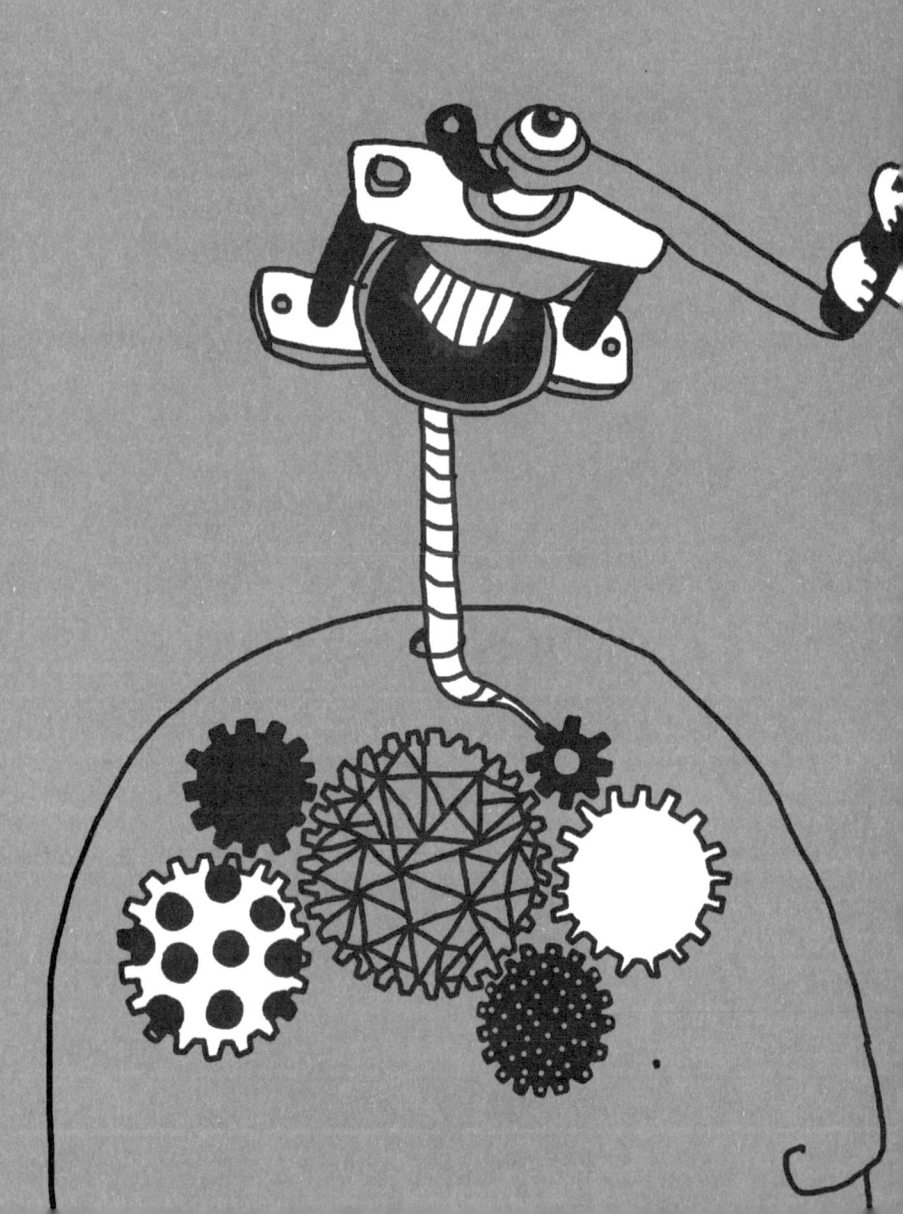

MÖGLICHKEITSRÄUME

Manifeste Macht

Lisa und Fried sitzen irgendwo in der Berliner Ringbahn und befragen Mitfahrende zum Thema Warten. Manuel sitzt auch – auf unserem begehbaren Regal. Er analysiert mit Christiane die Rechercheergebnisse aus dem Projekt zur Do-it-Yourself-Kultur und Baumärkten. Was den Anschein einer Regieanweisung aus einem absurden Theaterstück haben mag, in dem Darsteller orientierungs- und sinnlos durch die Welt irren, ist Arbeitsalltag bei Dark Horse. Um Produkte und Services entwickeln zu können, die ihre späteren Nutzer begeistern, müssen wir diese erst einmal kennen- und verstehen lernen.

In der klassischen Marktforschung passiert dies in sogenannten Fokusgruppen. Dazu werden ausgewählte Interviewpartner in einem Konferenzraum zusammengebracht und zu vorselektierten Themen befragt. Die Menschen werden also aus ihrer natürlichen Umgebung verpflanzt, um Auskunft darüber zu geben, was sie denn täten, wenn sie dort wären.

Wir sparen den Konjunktiv aus und drehen den Fokus um: Anstatt die Produktpropheten zu uns ins Büro kommen zu lassen, gehen wir selbst dorthin, wo die Menschen schon sind. Wenn wir also herausfinden wollen, was Pendler beim Öffentlichen Personennahverkehr stört, fahren wir einen Tag lang mit der Bahn im Kreis. Zum Thema Heimwerken führen wir Gespräche in Baumärkten und Hobbykellern. Unser Arbeitsraum ist daher nicht auf unsere Fabriketage in Berlin begrenzt. Die Telefonbegrüßung »Na, wo bist du?« hat bei uns das »Wie geht's dir?« nonchalant in die zweite Reihe des Kommunikationsintros verwiesen.

Im Laufe eines Projektes arbeiten wir in ganz unterschiedlichen Modi: Von der Ermittlungsarbeit an den Tatorten der Konsumwelt über konzentrierte Einzelarbeit und fokussierten Einheiten im

Projektteam bis zu dynamischen, sogar chaotischen Brainstormings in großer Runde und Bastelstunden an Prototypen. Zudem arbeiten meist mehrere Teams parallel an verschiedenen Projekten. Wie unsere Koordination und Kommunikation muss auch unser Büro ganz unterschiedlichen Bedürfnissen gleichzeitig gerecht werden: Wir brauchen Platz, um uns in wechselnden Teams zusammenzufinden, um Inspiration zu tanken und um uns zu koordinieren und zu konzentrieren.

Bei 30 Mitarbeitern und einer begrenzten Anzahl an Quadratmetern mag das schon mal nach Gesprächen aus einer psychiatrischen Hilfseinrichtung klingen. Es fühlt sich aber viel weniger nach Irrenhaus an als das, was wir bei unseren Jobs in der Freitagswelt erlebt haben.

Bei großen Konzernen, Mittelständlern oder der öffentlichen Hand sind Mitarbeitern meist enge Grenzen gesetzt. Grenzen aus Beton und Glas namens Büro. Viele arbeitnehmende Wissensarbeiter verbringen den Großteil ihres Alltags und damit ihrer Lebenszeit in Einzel- oder Zweierbüros. Je nach Aufgabengebiet und Branche bewegen sie sich auch mal in spezielle Räume für Versuche, physiologische Behandlungen, chemische Experimente oder Organisatorisches. Zu festen Zeiten findet man sie zudem in festen Räumen, die dem freien Austausch dienen sollen, sogenannten Meetingrooms.

In diesen Besprechungsräumen gibt es ausladende, im Boden verankerte Tische, Beamer für die obligatorische PowerPoint-Präsentation und manchmal Flipcharts mit großen Papierblöcken. Die Tische haben Kopfenden, an denen diejenigen sitzen, die per functionem Köpfchen zu zeigen haben. Facebook-Geschäftsführerin Sheryl Sandberg[24] gibt in ihrem Bestseller *Lean In* Tipps, wie man sich richtig reinhängt, um an diesen Tischen gesehen und gehört zu werden.

---

24 Sheryl Sandberg: *Lean In: Frauen und der Wille zum Erfolg,* Berlin 2013.

Die Konferenzräume müssen meist Wochen im Voraus für feste Zeitabschnitte gebucht werden, so dass Meeting immer mindestens eine Stunde dauern, auch wenn nach zwanzig Minuten eigentlich alles gesagt ist. An den Treffen nehmen so viele Menschen teil, wie der Raum Stühle hat, was zu einem Überschuss an Meinungen, Schweiß und Langeweile führt. Die Besprechungsräume fühlen sich oft an wie betongewordene Tabellenkalkulationen und sind so uninspirierend, dass alle schnell wieder wegwollen. Sehr gut geeignet, um effizient Aufgaben zu verteilen, eher mittelmäßig, um gemeinsam an kniffligen Problemen zu arbeiten. Und auch mit der Effizienz ist das so eine Sache. Vor lauter Meetings bleibt oft gar keine Zeit mehr, um zu arbeiten.

Auch die Büros der Freitagswelt sind mit bequemen Stühlen, Telefonen mit Schnur, festinstallierten Computern und Namensschildern an der Tür ausgestattet. Hier bin ich Funktionsmensch, hier muss ich's sein. In fortschrittlichen Unternehmen nutzen die Mitarbeiter Laptops – mit denen sie allerdings nur im Zug wirklich mobil arbeiten können. Dockingstationen aus verschiedenen Technikgenerationen blockieren die ungehinderte Schreibtischmigration. Solche Büroräume sind wunderbar, um sich den ganzen Arbeitstag in immer wilderen Animationsmöglichkeiten für die nächste PowerPoint-Präsentation zu verlieren oder seine Facebook-Freunde ungestört in immer kleinteiligere Kategorien einzuordnen. Sofern Facebook am Arbeitsplatz zugelassen ist, natürlich. Die Kopfarbeiter erheben sich nur, um mittags – Mahlzeit! – in die Kantine zu pilgern oder um im Sekretariat neue Kugelschreiber zu bestellen. Absprachen mit dem Kollegen in der nächsten Parzelle treffen sie lieber per E-Mail als per pedes. Mit der Chefin in cc natürlich – die soll ja schließlich sehen, wie mächtig beschäftigt alle sind.

Wer etwas zu sagen hat, ist nämlich schwer zu sprechen: Ausgerechnet Manager – diejenigen also, deren Aufgabe nicht die inhaltliche Arbeit, sondern die Führung von Mitarbeitern ist – sitzen oft in der

Festung Eckbüro. Wer im Unternehmen Vorrang hat, hat ein Vorzimmer. Der richtige Raum ist ein Ausdruck von Macht und Status. Die Wechselwirkung von Räumen und sozialem Verhalten sorgt für eine Aufrechterhaltung des Status quo – des jeweiligen Status der Mitarbeiter und der Hierarchie innerhalb eines Unternehmens. Und trennt fein säuberlich diejenigen, die sich für innovatives Arbeiten eigentlich austauschen müssten. Schaut man sich Orte der Kreativität, wie zum Beispiel neueroberte Kieze in Großstädten an, zeigt sich eine Bündelung von Begegnungspunkten: Unzählige Möglichkeiten, aufeinanderzutreffen, sich auszutauschen und sich inspirieren zu lassen. Der Zugang zu Wissensquellen und neuartigen Eindrücken wird in klassischen Bürostrukturen jedoch häufig durch die innenarchitektonische Ausrichtung auf »Ich«-Räume statt »Wir«-Räume verhindert.

Der Freitag im Montagsgewand

Dieses Phänomen haben schon viele schlaue Leute erkannt und haben den Spieß deshalb umgedreht. So sind Agenturen und Start-ups meist in hippen, offenen Großraumbüros anzufinden. Auch hier haben wir gearbeitet und festgestellt: Nicht größtmögliche Abgrenzung gilt hier als Statussymbol, es geht ums Sehen und Gesehen-Werden. Die Stühle und Computer sind noch stylisher als die Menschen, es gibt Tischtennisplatten, prallvolle Kühlschränke, Massageliegen und Dachterrassen. Das alles regt die Freundschaft und Kreativität an, und jeder kann jede jederzeit sehen, hören, riechen. Ein Panoptikum der Eitelkeiten.

Unser Arbeitsplatz war dort schöner, lässiger, cooler, als es unsere Freizeit je sein würde. Was vor allem daran lag, dass wir von Letzterer nicht mehr viel hatten, denn häufig verbrachten wir so viel Zeit in unseren schicken Büros, dass wir uns nachts oder am Wochenende noch einmal an unsere Rechner setzten. Schließlich mussten wir irgendwann noch die Arbeit erledigen, von der uns die Kollegen tagsüber abhielten. Wir merkten: Eine zu hohe Konzentration von Mitarbeitern an einem Ort verhindert konzentrierte Mitarbeit. Jason Fried, der Gründer der verbreiteten Projektmanagementsoftware Basecamp, ließ sich in diesem Zusammenhang zu der These hinreißen, dass in Büros überhaupt nicht gearbeitet werden kann. Das Video[25] seiner Rede auf der TED-Konferenz wurde über 3 Millionen Mal geklickt.

Die prekäre Vereinbarung zwischen der Agentur und uns ging übrigens so lange schief, wie es der Agentur gutging. Unsere Boss-Buddies boten uns in dem Fall an, weiterhin als Freie mitarbeiten zu können. Von zu Hause aus und wann es passt – der Agentur, versteht sich. Ganz ohne Absicherung, Ablenkung und Kreativgedöns. Wer braucht schon Koffeinbrausen oder bräsige Kollegen, um auf gute Ideen zu kommen?

Wir können schließlich jederzeit und von überall aus arbeiten. Seit das Internet nicht mehr in Modems wohnt, sind der Erreichbarkeit kaum noch physikalische Grenzen gesetzt: Mobil beantwortet jede Wann-Frage mit immer und jede Wo-Frage mit überall. Die Ehe zwischen Raum und Zeit ist geschieden. Die weite Welt des Webs nennt schon längst niemand mehr fiktiv, sie hat sich zur Realität und zu einer unfassbar effizienten Kommunikationsplattform gemausert. Damit einher geht die große Freiheit, ortsunabhängig kommunizieren zu können. Wir können unser Wissen und damit unsere Arbeitskraft von überall aus zur Verfügung stellen. Um unsere transportablen, virtuellen Güter, also Gedanken, Wissen und Informationen zu produzieren, brauchen wir keine spezifischen Räume, keine großen schweren Maschinen und auch keine gleichzeitig anwesenden anderen Menschen mehr. Und wenn wir dann auch noch lästige Routineaufgaben an anderswo anwesende und viel schlechter bezahlte Menschen auslagern, lässt sich die Arbeit locker in vier Stunden pro

25 www.bit.ly/UCQW5A, (09.07.2014).

Woche erledigen. Für das restliche bisschen Kopfarbeit reicht notfalls unser Telefon, das sowieso längst smarter ist als wir. Wir können die stinkende, verregnete, analoge Welt überwinden, zugunsten der digitalen, die wir mit an den Küchentisch, ins Café oder in die Hängematte nehmen. Wir können bis mittags schlafen, ohne Hose mit unseren Auftraggebern skypen, dorthin pilgern, wo es gerade die hippste Limonade und den fairsten Kaffee gibt, und nachts in der Bar noch schnell was fertigmachen. Und das nennen wir dann auch noch Arbeit. Als Freelancer sind wir schließlich so frei und arbeiten, wann und wo wir wollen. Aber – wollen wir das denn?

Offenbar reicht es auch immer mehr Freiberuflern nicht, sich und ihre Arbeit von ihren Freunden und Fachkollegen liken zu lassen. Viele digital gereckte Daumen auf Facebook ersetzen keinen realen Schulterklopfer und schon gar keine Umarmungen. Wissen kann man nicht anfassen, Wissensträger schon. Internetdienste wie der Kurznachrichtendienst twitter, die Fotoplattform instagram oder die virtuelle Pinnwand pinterest eignen sich perfekt, um Gedanken und getane Arbeit schnell sichtbar zu machen und zu verbreiten – das Denken und die Arbeit selbst ersetzen sie nicht. Online lassen sich bestehende Informationen austauschen und transparent machen. Um aus reinen Informationen Sinn zu ziehen und etwas Neues zu schaffen, ist es sinnvoll, sich nach wie vor ganz analog zu treffen. Abduktion – dieser magische Moment, in dem Neues entsteht – braucht Kopräsenz.

Natürlich präsentieren gerade junge, digital versierte Wissensarbeiter ihre Portfolios auf Plattformen wie behance.net oder somewhere.com und ihre Lebensläufe auf Karrierenetzwerken wie xing.de oder linkedin.com. Da unsere Expertisen aber vielfältiger sind als die Formulare, in die wir sie online eingeben können, und unsere Lebensläufe weit krummer, als die geraden Timelines auf Karriereseiten vermuten lassen, schaffen wir uns Gelegenheiten, bei denen wir uns als ganze Menschen begegnen können.

Junge Kopfarbeiter legen auch außerhalb des Internets großen Wert auf soziale Netzwerke. Die Kuschelkohorte nutzt Online-plattformen als Kommunikationswerkzeug, um sich freiwillig an real existierenden Orten in der echten Welt zu treffen: In jeder größeren Stadt gibt es sogenannte Meet-ups, bei denen sich Themen-verbündete treffen und austauschen. Jeder kann so ein Meet-up zu seinem Herzensthema ausrufen und dazu einladen. In aller Regel finden sich zu jedem noch so kleinen Nischenthema genug Gleich-gesinnte oder gleich Andersgesinnte. Programmierer und Fachkräfte für 3-D-Drucker treffen sich so, aber auch Hobby-Bierbrauer und Backbegeisterte. Un-Konferenzen, Barcamps, Frühstückstreffen und Netzwerkveranstaltungen aller Art boomen. Diese freiwilligen, flexiblen und spontan strukturierten Treffen sind die Entsprechung zu den altehrwürdigen Branchenverbänden. Der amerikanische Blogger Seth Godin argumentiert in seinem Bestseller *Tribes*[26], dass durch das Internet und seine Möglichkeiten der Vernetzung neue Gruppenbewegungen entstehen, an deren Spitze sich jeder setzen kann. Entgegen den starren Strukturen der Arbeitswelt, in der Hier-archien fest verankert und sukzessive erklommen werden müssen, bietet das Internet theoretisch jedem – unabhängig von Status und Bildungsgrad – die Chance, Leader oder Follower zu sein. Theo-retisch.

Freelancer, die auch physisch gebunden sein wollen, mieten sich Plätze in Co-Working Spaces. Co-Working Spaces sind Großraum-büros oder Hinterhofzimmer, in denen digitale Nomaden Geld für die Nutzung eines Schreibtisches und des W-Lans bezahlen. Weil die Freischaffenden dort im Idealfall andere Schaffende treffen, können sie größere Projekte annehmen und gegenseitig von ihren Fähigkei-ten profitieren. Viele schätzen auch den Druck, sich morgens etwas anziehen zu müssen, und die Möglichkeit, abends ganz traditionell Feierabend machen zu können. Das Betahaus in Berlin-Kreuzberg,

---

26 Seth Godin: *Tribes: We Need You to Lead Us,* London 2008.

eines der größten und dienstältesten deutschen Co-Working-Spaces, schreibt auf seiner Website: »Werte werden nicht mehr in klassischen Büros geschaffen«[27]. Dass Dark Horse sich in unmittelbarer Nachbarschaft des Betahauses einrichtet, war anfangs nicht abzusehen. Dass wir uns geistig ganz in der Nähe verorten, allerdings schon.

Wie es wurde, wo es ist – Kreative Raumfindung

Als wir Dark Horse starteten, war uns klar: Wir wollen irgendwie anders arbeiten. Wie genau und vor allem wo genau, wussten wir jedoch noch nicht. Heute haben wir einen besonderen Bezug zu unseren Arbeitsräumen, auch deshalb, weil sie nicht immer da waren. Nachdem unsere gemeinsame Studienzeit an der d.school in Potsdam endete und unsere gemeinsame Arbeits- und Lebenszeit begann, waren wir der Prototyp des neuen »urbanen Penners«: Wir besaßen kein Büro, aber einen Haufen Ideen.

Knapp ein halbes Jahr lang haben wir uns in unterschiedlichsten Zusammenstellungen getroffen und waren vor allem in der Raumfindung kreativ: Jedes Café, jede Bar, jeder Balkon oder Park genügten fürs Erste, um gemeinsam weiterzumachen. Aber weil wir an »richtigen« Projekten arbeiten wollten, mussten wir uns irgendwann doch eine Alternative zum Klischee des Latte macchiato schlürfenden Kaffeehaus-Kreativen mit Macbook suchen. Wahrscheinlich waren wir zu spießig, um den prekären Habitus des Hipsters längere Zeit durchzuhalten.

Im Hinterzimmer einer ehemaligen Fleischerei im Berliner Stadtteil Neukölln entschieden wir, ein Unternehmen zu gründen. Ernst zu machen. Der Ort, an dem wir dies dann tatsächlich taten, war zwar nur fünf Kilometer von diesem Hinterzimmer gelegen, hätte aber nicht weiter entfernt sein können. In einem piekfeinen Notariat am

---

27 www.betahaus.com, (09.07.2014).

Gendarmenmarkt gaben wir unserer Vision eine Rechtsform. Obwohl die Kanzlei alles andere als klein war, wurde es beim obligatorischen Vorlesen des komplizierten Dokuments doch etwas eng, schließlich waren wir in voller Mannschaftsstärke zum Unterschreiben erschienen.

Unser erstes richtiges Büro lag im Stadtteil Wedding – nicht gerade der Teil von Berlin, in den Touristen als Erstes fahren. Uns gefiel es aber gut, denn unser Raum befand sich in einem ehemaligen Industriekomplex, in dem sich auch viele Künstler, Handwerker, Vereine und Träumer wie wir eingemietet hatten. Als wir unsere anfängliche ökonomische Durststrecke überwunden hatten und zum ersten Mal konstant in bezahlten statt rein freiwilligen Projekten arbeiteten, zogen wir innerhalb des Gebäudes um. Nach einigen Diskussionsrunden wohlgemerkt, denn der neue Raum wurde auch teurer. Und so verschlug es uns schließlich in einen 40 Quadratmeter großen Raum, ganz oben, nah dem Himmel. Wir waren wahnsinnig stolz. Monika erzählte ihren Freunden von unserem großen, neuen Büro mit glanzvollem Blick über den glanzlosen Wedding. Als diese Freunde dann zu Besuch kamen, waren sie auch entsprechend beeindruckt: »Eure Küche ist ja wirklich super! Und so groß – aber wo ist der Rest des Büros?« Allerdings war diese »Küche« schon unser ganzes Büro.

Im Frühjahr 2012 wechselten wir ein weiteres Mal unsere Räumlichkeiten. Die Aufträge und Aufgaben waren größer geworden und ein wenig wohl auch unsere Ansprüche. Im Wedding fehlte uns letztlich der Raum, um die Arbeitskultur auszuleben, die uns so wichtig ist – individuell und doch zusammen. 30 Leute auf 40 Quadratmetern machen diese Gratwanderung nicht einfacher. Berlin war unlängst als »Silicon Valley an der Spree« und der Kreuzberger Moritzplatz als Melting Pot der Start-ups, Kreativen, der Digitalen Bohème und Freelancer ausgerufen worden. Kann ja nicht schaden, dachten wir uns, und zogen in ein Loft im IMA-Village, einem ehemaligen Fabrikgebäude aus rotem Backstein, das inzwischen Heimat für verschiedenste Start-ups und einige Tanzschulen geworden war. Zwischen dem Co-Working Space Betahaus, den urbanen Prinzessinengärten für grünes, nachhaltiges und gemeinschaftliches Kräuter-Wirtschaften und dem Club Ritterbutzke für elektronische Tanzmusik nach dem Feierabend lebten wir uns schnell ein in unserer neuen Heimat.

Diesmal hatten wir wirklich einen großen Raum mit vielen Fenstern und viel Licht. Da standen wir also in unserem langen, leeren Loft, in dem wir fortan kollaborativ arbeiten wollten. Zusammen, gemeinsam, miteinander, das Ganze ist mehr als die Summe der Einzelnen. Oder so ähnlich. Herausfordernd strahlte uns der weite Raum an: »Gestaltet mich nach euren Bedürfnissen!« Wir grinsten doof zurück, stellten unsere Sektgläser auf den Estrich und machten uns an die Arbeit – unsere Bedürfnisse zu überdenken. Wie sieht eine Arbeitsumgebung aus, die kreative Zusammenarbeit ermöglicht? Was ist überhaupt die Basis von kollaborativem Arbeiten? Und was hat das mit unserem Büro zu tun?

Für uns ist kollaborative Arbeit die Voraussetzung für Innovation und Zufriedenheit: sich gut, fast blind verstehen und im Ernstfall aufeinander verlassen können, sich austauschen und gegenseitig inspirieren, sich koordinieren und effizient Aufgaben verteilen und nicht zuletzt, sich in Ruhe zu lassen, um Aufgaben auch erledigen zu können. Für echte Kollaboration müssen Mitarbeiter nicht nur gleichzeitig anwesend sein, sondern gemeinschaftlich arbeiten wollen und können: Fünf Personen in einem Raum machen noch kein Team. Ein Raum, der Platz für fünf Personen hat, macht noch keinen Teamspace. Kollaboration bedarf vielmehr der Motivation, Inspiration, Koordination und Konzentration. Und genau daraufhin haben wir unseren Raum gestaltet. In unserem Fabrikloft gibt es für diese vier Grundmodi der Kollaboration verschiedene Zonen. Symbolisiert werden sie durch die jeweils zentralen Elemente Tischkicker, Kaffeemaschine, Stehtisch und Sitzregal. Wir trennen unsere Arbeit nach diesen Modi, nicht nach Menschen.

Motivationsschübe am Tischkicker

Ein Drittel unseres Raumes haben wir als sogenannten Social Space konzipiert. In diesem abgetrennten Bereich sind Sofas und Regale voller Bücher, allerlei Spielzeug, Geschenke und Postkarten, die wir bekommen haben. Entlang der Fensterfront steht ein Tischkicker. Hier befindet sich unsere Küche und eine lange Tafel mit Platz für 30 Leute. In einer Ecke warten Beamer und Lautsprecher auf ihre Nutzung. Außerdem sind hier die Toiletten und die Kaffeemaschine – jeder und jede muss also ein paarmal am Tag hier durch.

Man könnte diesen Bereich auch als Wohnzimmer unserer Arbeitsgemeinschaft bezeichnen. Das mag nicht so fancy klingen wie Social Space, trifft aber auf den Punkt, welche Funktionen dieser Raum für uns hat. Hier wird gegessen, gespielt, geruht, gelesen, geredet, gestritten, gelacht. Hier hat unsere Gemeinschaft als Ganzes ihren Platz, es darf laut, bunt und auch ein wenig chaotisch sein. Die meiste Arbeitszeit verbringen wir in Projektteams aus zwei bis fünf Mitarbeitern, aber hier im Wohnzimmer können wir teamübergreifend zusammenfinden – für uns der Schlüssel zu einem breitgetragenen Wirgefühl. In der Mittagspause oder abends können sich in unserem Wohnzimmer schon mal dramatische Szenen rund um den Tischkicker abspielen. Wenn wir Pause machen, macht auch die Kollaboration Pause. Hier ist gnadenlose Konkurrenz angesagt.

Der Tischkicker symbolisiert für uns den Motivationsaspekt der Kollaboration – darüber hinaus gibt es bei uns noch jede Menge andere Spiele und Aktionen. Indoor-Boule, Autorennen, Mini-Playback-Show. Hier geht es gemeinsam jedes Mal um alles – außer um Arbeit. Was von außen betrachtet wie Quatschmachen aussieht, schafft die Grundlage für gegenseitiges Vertrauen. Um gemeinsam arbeiten zu wollen, brauchen Teams geteilte Erfahrungen, die über die Arbeit hinausgehen. Wer schon mal mit seinem Chef im Klettergarten war, dem dürfte dieser Satz bekannt vorkommen. Uns war es wichtig, diese Erfahrungen regelmäßig und zuverlässig machen zu können – sei es beim zielgerichteten Spielen oder beim gemeinsamen Mittagessen an unserer Tafel.

Bei diesen Anlässen führen wir Gespräche, die uns zu mehr als Kollegen machen. Wir lernen, uns auf die Eigenarten der anderen einzulassen. Greta ist ein Morgenmuffel. Wenn möglich verlagern wir wichtige Aufgaben in ihrem Team auf den Nachmittag. Jasper ist Vegetarier. Das Team sorgt dafür, dass es Gummibärchen ohne Gelatine gibt. Dominik wird am Kickertisch schnell laut, Daniela dagegen immer ruhiger, umso mehr sie sich aufs Spiel konzentriert. Auch in gemeinsamen Projekten können die beiden die Eigenarten des anderen besser deuten. Die Zeit, die wir uns bewusst rund um den Kicker nehmen, brauchen wir später nicht mehr, wenn es um die organisatorische Abstimmung und inhaltliche Zusammenarbeit im Team geht. Die scheinbar ziellos verbrachte Spielzeit macht uns enorm effizient – dann, wenn es darauf ankommt.

Vom Arbeitgeber angebotener Spaß als Ausgleich für unangenehme Arbeit ist auch ein alter Hut – Arsenale an Videospielen in Agenturen und ausufernde Konzern-Weihnachtsfeiern lassen grüßen. Sobald Mitarbeiter sich überwiegend für das Entertainment um die Arbeit interessieren, sollten bei Kollegen und Vorgesetzten jedoch die Alarmglocken klingeln. Das spaßige Drumherum sollte eben das bleiben: Drumherum.

Somit ist der Tischkicker für uns auch immer ein Gradmesser: Spielt jemand nicht mehr mit, liegt auf persönlicher Ebene etwas im Argen, spielen alle mit, stimmt etwas mit unserem Unternehmen nicht. Das unkoordinierte Spielen bildet den Humus für unsere hochkoordinierte Projektarbeit. Unsere beiläufigen Wohnzimmer-

WIR SAMMELN RUND UM DIE KAFFEEMASCHINE DIE LADUNG FÜR UNSERE GEISTESBLITZE.

gespräche ermöglichen es uns, dann aufeinander zu vertrauen, wenn es im Projekt heiß hergeht. Weil wir gegeneinander spielen, können wir miteinander arbeiten. Für unsere eigentliche Arbeit ist es enorm wichtig, scheinbaren Nebentätigkeiten einen eigenen Raum zu geben.

Inspirationsstau an der Kaffeemaschine

Unser Social Space erfüllt aber noch einen zweiten Zweck – den der Inspiration, symbolisiert durch die Kaffeemaschine. Wir haben mittlerweile eine großartige italienische Siebträgermaschine, die maximal zwei Espresso gleichzeitig macht. Und das auch nur, wenn man vorher separat die Bohnen gemahlen hat. Dazu Milchschaum machen, Zucker auffüllen, Maschine wieder putzen – das dauert ein bisschen. Da kommt es zu den Kaffee-Stoßzeiten schon mal zum Stau. Beim Warten drehen sich unsere Gespräche oft um unsere aktuellen Projekte.

Wir arbeiten in wechselnden Teams an unterschiedlichen Themen, von denen wir unterschiedlich viel Ahnung haben. Rund um die Kaffeemaschine teilen wir ohne konkrete Agenda die Gedanken, Erkenntnisse und Hürden, die uns bei dieser Arbeit gerade beschäftigen. Dabei zeigt sich immer wieder, dass gerade dieser nicht fokussierte, ungezwungene Austausch den Nährboden für die größten Durchbrüche und innovativsten Ideen schafft. Jeong Hong beschäftigt sich mit Hafenlogistik – Christian hat mal in einer Werft gearbeitet und kann den Kontakt zu seinem ehemaligen Chef herstellen. Ioana und Daniela entwickeln neue Workshopformate – Diemut kennt sich durch ihre Tätigkeit an einer Fachhochschule mit pädagogischen Konzepten aus und empfiehlt den beiden eine Konferenz. Pascal erzählt davon, wie seine Nichte auf dem Spielplatz die korrekte »Vergabe« von Eimer und Schaufel geregelt hat – Lisa und Sascha stoßen dadurch für ein Projekt zum Thema Carsharing auf eine bisher vernachlässigte Dimension des Teilens.

Wie bei einem Gewitter in der Natur, bei dem sich zunächst Energie anstauen muss, bevor sie sich entladen kann, sammeln wir rund um die Kaffeemaschine die Ladung für unsere Geistesblitze. Sie ist unser Äquivalent zum Dienstweg, auf dem in klassischen Organisationen Wissen weitergegeben wird – oder auch nicht. Auf dem Weg durch die Hierarchien werden Erkenntnisse immer weiter aufgedröselt und oft genug auch aufgehübscht. Dabei geht unglaublich viel Potential verloren. Denn auf den Dienstweg machen sich meistens nur Informationen, die schon von vornherein als nützlich klassifiziert wurden. Das implizite Wissen der Mitarbeiter bleibt auf der Strecke. Zudem leben Führungskräfte so oft in einer anderen Realität als ihre Angestellten. Ein Vorstand beklagte sich einst bei uns: »Was wirklich Sache ist, erfahre ich immer erst, wenn es eigentlich schon zu spät ist. Kaum komme ich ums Eck, werden alle ganz angespannt und fangen an zu schauspielern.«

Seit kurzem verbreitet sich für den zufällig vernetzten Wissensaustausch der neudeutsche Begriff »Serendipity«. Eigentlich ist auch das nicht neu, schon im Mittelalter gab es den sprichwörtlichen Marktplatz der Ideen, und in vielen Unternehmen gibt es Teeküchen und Raucherecken oder zumindest Flure, auf denen sich Mitarbeiter zwangsweise über den Weg laufen. Das Problem besteht hier oft nicht in den Räumen, sondern in der Kultur, diese zu nutzen. Ist die Teeküche gepflastert mit latent aggressiven »Bitte LEISE und SCHNELL wieder aufräumen«- Schildern, kommentiert der Chef das Gespräch auf dem Gang süffisant mit »Na, euch ist wohl langweilig heute …«, oder müssen Mitarbeiter für den Nachmittagskaffee ausstempeln – wird der Austausch zwischen den Kollegen unterbunden. Dieser erscheint vielleicht nicht unmittelbar nützlich, bringt aber womöglich in einem halben Jahr den entscheidenden Durchbruch.

Inspirationsfunken können jederzeit überspringen und einen Ideenflächenbrand auslösen, sofern sie nicht wegrationalisiert werden. Bei Dark Horse versuchen wir, der unberechenbaren Serendipity

immer wieder bewusst Raum zu geben: Das fängt beim gemeinsamen Mittagessen und bei Fahrgemeinschaften an, geht über den
gemeinsamen Spaziergang mit Jaspers Hund Neska und endet
bei unserem rotierenden Serviceteam, also zwei Kollegen, die sich
jeweils für einen Monat um die Gemeinschaftsräume kümmern.
Weil diese zwei den Filter in unserer Wasserkaraffe austauschen,
können sich alle anderen aufs Gedankenaustauschen konzentrieren,
und es müssen keine aggressiven Zettel in unserer Küche hängen.
Lustigerweise stellen wir fest, dass die Serviceteamler am meisten
Serendipity abkriegen.

Jetzt haben wir also gekickert und Kaffee getrunken, sind motiviert
und inspiriert – Zeit, sich an die »eigentliche« Arbeit zu machen. Ja,
aber wo denn nun?

Standhafte Tische für Teamarbeit

Der Rest unseres Büros besteht aus flexiblen Teamarbeitsplätzen,
einem großen Regal, das auf den ersten Blick wie eine Blocksauna
wirkt, und einer Schreibtischinsel. An den Teamarbeitsplätzen
arbeiten wir in wechselnder Besetzung an unseren Projekten: Ein
Zweierteam kommt gerade von einem Expertengespräch zum Thema
IT-Sicherheit zurück, eine Gruppe hat sich Verstärkung organisiert
und startet zu zehnt in ein Brainstorming zu urbaner Freizeitge-
staltung, drei Kollegen gestalten den Prototypen für eine Bezahl-
App, und zwei andere konzipieren einen Visionsworkshop für ein
Pharmaunternehmen. Hier in den Teamspaces geht es um die inhaltliche Aufbereitung von Rechercheergebnissen, um wilde Ideen und
um erlebbare Prototypen. Hier findet die Planung unserer Projekte
statt, und wir treffen uns zu Ad-hoc-Besprechungen und Brainstormings. Wichtig ist also, dass sich die Beiträge der einzelnen
Teammitglieder gut koordinieren lassen – wir sind somit beim dritten Modus der Kooperation. Hier geht es darum, schnell zwischen
Gruppen- und Einzelarbeit wechseln zu können, Arbeitspakete

sinnvoll aufzuteilen und sich nicht durch die Koordination der Koordination zu verzetteln.

Die Teamarbeitsplätze sind bei uns deshalb Stehtische, um die sich je nach Projektphase zwei bis zehn Kollegen scharen. Unsere selbstentworfenen Tische sind rund, damit sich keiner ans Kopfende stellen kann, und brusthoch, damit sich daran keiner in seinem Sessel zurücklehnen kann. Im Stehen zu arbeiten, hält uns und unsere Besprechungen dynamisch, das Energieniveau bleibt hoch – im wörtlichen Sinn. Die einzelnen Arbeitsbereiche werden durch Whiteboards, die frei im Raum stehen, voneinander abgegrenzt. Wir arbeiten sehr visuell und nutzen die Whiteboards als dreidimensionale Datenbank, übergroßes Notizbuch und PowerPoint-Ersatz. Am Ende eines typischen Arbeitstages haben wir mehrere Quadratmeter Whiteboardfläche vollgeschrieben und mit bunten Haftnotizen beklebt.

Lange Zeit fielen dabei immer wieder die gleichen Sätze: »Braucht ihr das Whiteboard vorne links noch, oder können wir es nutzen?« – »Oh nein, wer hat unsere Notizen abgewischt?« – »Wenn wir noch mehr Whiteboards aufstellen, brauchen wir hier bald eine Landkarte, um den Weg zum Klo zu finden.« Weil die Whiteboards, die es zu kaufen gab, uns allesamt zu statisch waren, haben wir kurzerhand selbst ein Modell entwickelt und es mit einer befreundeten Agentur unter dem Namen »Out of the box« auf den Markt gebracht. Diese Whiteboards bestehen aus leichten Ständern oder Wandhalterungen und »Disketten« – leicht austauschbaren und beschreibbaren Platten. So kann jedes Team seine Disketten beschriften und verstauen, bis es die darauf gespeicherten Informationen nicht mehr braucht. Andere Teams können zeitversetzt denselben Arbeitsplatz nutzen. Unsere analogen externen Festplatten haben nun endlich einen größeren Arbeitsspeicher.

Teamarbeit spielt bei fast allen Jobs mit Wissensarbeiten eine immer größere Rolle. Einer unserer Auftraggeber aus dem Bereich Luftfahrttechnik bat uns, neue Räumlichkeiten für einen Geschäftsbereich zu entwickeln, in denen die Mitarbeiter kollaborativ arbeiten können. Der Kunde wünschte sich einen offenen Innovationsraum, in dem sich seine Mitarbeiter flexibel vernetzen sollten. Die Erwartungshaltung ist häufig, dass man einfach für die Flexibilität Rollen an die Möbel schraubt und für die Kreativität buntes Spielzeug in den Raum stellt, und schon wird alles innovativ, was nicht bei drei auf den Yuccapalmen ist. Für eine funktionierende Kollaboration ist es aber unerlässlich, erst zu definieren, wer wann mit wem zusammenarbeiten sollte, bevor der Raum dementsprechend gestaltet werden kann. Wo bin ich, und wenn ja, wie viele?

Wir haben bei der Designifizierung unseres eigenen Arbeitsplatzes abgekupfert und die Mitarbeiter des Luftfahrtunternehmens konsequent in den Mittelpunkt der Gestaltung gestellt und sie auch selbst gestalten lassen. Eine Selbstverständlichkeit für uns als junge Generation, mitmachen und gestalten zu können, ganz und gar nicht selbstverständlich für ein eher traditionelles deutsches Unternehmen. Wir haben mit und für 400 Personen ein neues Büro geschaffen, indem sich alle Beteiligten neben ihrer alltäglichen Arbeit, intensiv mit ihrer Zusammenarbeit auseinandergesetzt haben. Veränderung ist eine unliebsame Sache, dass sich alle darauf eingelassen haben, wirkt wie ein kleines Wunder, ist aber das Ergebnis konsequenter Partizipation.

Bei einer Führung durch die Räumlichkeiten haben wir das Unternehmen im wahrsten Sinne des Wortes von innen kennengelernt. Das ist jedes Mal ein für beide Seiten bereichernder Kulturenclash: Old Economy meets Start-up Thinking. Jeder Mitarbeiter wurde befragt, und zusätzlich zu den Teamleitern bestimmten die Teams einen weiteren Repräsentanten, so dass wir sukzessive die Wünsche und Bedürfnisse von unten nach oben tragen konnten. Der CIO hat sich vom Gestaltungswillen derart anstecken lassen, dass er in seiner Freizeit andere Büros besuchte, um sich inspirieren zu lassen.

Eine Erkenntnis der Recherche war der fehlende Raum für Austausch. Um einen Meetingraum benutzen zu können, muss man ihn vorher buchen – allerdings werden 70 Prozent der Entscheidungen ad hoc getroffen. Hierfür gab es keine Räume – die Mitarbeiter verließen zum Teil das Gebäude oder trafen sich im Druckerraum. Das war von den Mitarbeitern resignierend akzeptiert und völlig neu für die Führungskräfte. Um von der Problem- und Bedürfnisanalyse schließlich zu Lösungen zu kommen, haben wir das beste Mittel genommen, das wir im Bereich Bauen und Ausprobieren kennen: Gemeinsam mit den Teamleitern, den Teamrepräsentanten und jeder Menge Legosteinen versuchten wir uns an Neukonstellationen, Aufbau und Abriss.

Inzwischen ist das neue, auf Kollaboration ausgerichtete Gebäude in Umsetzung. Die klassischen Zweier- und Dreier-Büros wurden aufgebrochen und durch Büros für vier bis acht Personen ersetzt. Um dennoch ungestört arbeiten zu können, wird es Telefonkabinen geben, um längere Telefonate nicht in den Schreibtischbereichen führen zu müssen. Durch die Vergrößerung der einzelnen Büros gibt es deutlich weniger Flure, dafür umso mehr bespielbare Fläche. Jedes Team bekommt zusätzlich einen exklusiven Raum, den es ganz nach seinen Bedürfnissen ausstatten kann, manche entscheiden sich für agile Stehtische, andere für eine gemütliche Sitzecke. Auf jeder Etage gibt es einen Marktplatz und eine Bibliothek – zwei Begriffe, auf deren Funktionen sich alle Mitarbeiter sofort einigen konnten. Einen Ort für Austausch, Kaffee, Plaudern und Inspiration und einen Raum, in dem Bibliotheksregeln herrschen: Pssst, Handy aus und ansteckende Konzentration. Im Verlauf dieser Co-Creation merkte die Führungsebene, wie sehr die Mitarbeiter heute schon zusammenarbeiten, und die Mitarbeiter merkten, dass die Bereichsleitung sie genau darin unterstützen sollte. Und wir lernten, dass man trotz allen kollaborativen Austauschs Rücksicht auf Konzentration und Rückzug nehmen muss.

Konzentriertes Sit-in auf dem Regal

Die meiste Zeit verbringen wir in unseren Teambereichen, aber irgendwann müssen wir das dort gesammelte und vernetzte Wissen auch weiterverarbeiten und umsetzen. Und ja, manchmal müssen wir auch in Ruhe mit Auftraggebern, Lieferanten oder unseren Partnern kommunizieren. Einige von uns brauchen zudem immer wieder eine Auszeit von der dynamischen Gruppenarbeit, um ihre Gedanken zu ordnen und zur Ruhe zu kommen. In Einzelarbeit wird inhaltlicher Input aus der Teamarbeit vertieft und verarbeitet. Routineaufgaben müssen schnell und effizient erledigt werden, Mitarbeiter brauchen den Freiraum und die Ruhe, sich voll und ganz auf herausfordernde Fragestellungen konzentrieren zu können. Zudem benötigen gerade Kopfarbeiter Rückzugsräume zur mentalen Entspannung. Ein Arbeitsplatz, der den Solo-Arbeitsmodus unterstützt und Konzentration – den vierten Modus der Kollaboration – befördert, muss also vor allem eines: nicht von der Arbeit ablenken.

Dabei geht es vor allem um die Ablenkung, die wir uns nicht selbst aussuchen. Treibt sich eine Kollegin auf Facebook herum oder verziert Klebezettel mit kleinen Kunstwerken, ist das vielleicht ihre Art, sich eine kurze Auszeit zu nehmen, um sich anschließend wieder konzentrieren zu können. Ständig aufpoppende Mails oder der vierte Kollege, der »nur mal kurz etwas« nachfragen möchte, stören jedoch jeden noch so aufmerksamen Wissensarbeiter. Viele Menschen können auf Bahnfahrten oder Flügen nicht nur wegen der fehlenden Internetverbindung gut arbeiten, sondern auch wegen der fehlenden Kollegen. Der Flugmodus schafft die Flughöhe, damit aus einer guten Idee ein herausragendes Produkt wird.

In Großraumbüros sieht man oft mehr Kopfhörer als Ohren. Kopfhörer ermöglichen es Mitarbeitern, sich akustisch zurückzuziehen und den Kollegen zu signalisieren: Jetzt nicht. Wir haben dieses Prinzip ausgebaut. Auf die Idee kamen wir bei der Umgestaltung der

Arbeitsumgebung bei einem unserer Auftraggeber in der indischen IT-Metropole Bangalore. Kleine drehbare Fähnchen auf den Tischen des IT-Unternehmens signalisierten, ob der Mitarbeiter ansprechbar war oder lieber nicht gestört werden wollte. Genau das tun wir auch, wenn wir uns an unsere Schreibtischinsel setzen, indem wir farbige Klebezettel auf unsere Laptops kleben. Die Klebezettel funktionieren nach einem einfachen Ampelsystem. Grün oder kein Klebezettel bedeutet: Ich erledige Routineaufgaben, die auch warten können, wenn ich irgendwo helfen kann. Gelb bedeutet: Störe mich bitte nur, wenn es wirklich nicht anders geht. Kann wirklich nur ich die fragliche Aufgabe erledigen, und muss das wirklich sofort sein? Ein roter Klebezettel signalisiert: Bitte nur nachschauen, wenn ich mit dem Kopf auf der Tastatur liege und mich seit Stunden nicht mehr bewegt habe. Sofern der zeitliche Umfang absehbar ist, versuchen wir, auf die gelben und roten Klebezettel zu notieren, wann wir ungefähr mit der aktuellen Aufgabe fertig und damit wieder ansprechbar sein werden.

Nachdem Monika bei einem Vortrag von diesem System berichtete, erreichte sie eine Woche später eine E-Mail mit dem Bild eines langen Flures im Anhang. Die Mitarbeiterin einer westdeutschen Stadtverwaltung hatte das Ampelsystem in Form von kleinen Wimpeln an den Türrahmen bei sich umgesetzt und berichtete begeistert von der neuen Atmosphäre im Haus. Zuvor hatten Kollegen ihre Türen entweder offen gelassen und das störende Hintergrundrauschen in Kauf genommen oder bei geschlossenen Türen gearbeitet und damit akzeptiert, als rüde und abweisend zu gelten. Mit den Wimpeln herrschte Klarheit – auch hier zeigt sich die Relevanz der Arbeitskultur für den Alltag im Büro. Es kommt nicht nur auf die Räume an, entscheidend ist, wie man sie nutzt.

Hin und wieder wollen wir noch tiefer in eine Aufgabe abtauchen, ganz darin versinken und das Drumherum nicht nur per Ampelsystem abblocken, sondern komplett ausblenden. Projektteams können bei uns völlig frei entscheiden, wann und wo sie arbeiten wollen.

Das kann für Einzelne das Homeoffice sein oder für ganze Teams auch mal ein Ferienhaus in Brandenburg. Vor allem für die konzentrierte Einzelarbeit gibt es keinen allgemeingültigen Weg. Als Christiane ihre Masterarbeit schrieb und mit ihrer Freundin viel Zeit in der Bibliothek verbrachte, hatten die beiden sehr unterschiedliche Vorstellungen von ihrem perfekten Arbeitsplatz: »Während meine Freundin sich in die obere Etage gesetzt hat, weil sie gerne nach draußen ins Grüne guckt, habe ich mich in den Keller gesetzt: Es war immer einen halben Grad zu kalt, und man hatte einen fabelhaften Ausblick auf eine graue Betonwand, an der entlang die Tische standen.« Wer also hat recht? Natürlich beide. Ein Gebäude, mehrere Möglichkeiten. Im Idealfall weiß jeder Mitarbeiter, wie er sich am besten konzentrieren kann, und hat die Wahl, sich eine entsprechende Umgebung zu suchen.

Leider bietet unser Fabrikloft nicht genug Raum, um für alle individuellen Idealfälle vorzusorgen. Als anpassbare Ausweichmöglichkeit und Rückzugsraum für gewissenhafte Stunden dient uns eine Sitz- und Liegefläche auf einem eigens dafür angefertigten Regal. Wie alle Firmen haben auch wir Ordner, Büromaterial und Getränkekisten. Bei uns kommen noch Werkzeuge und allerlei Material zum Bauen von Prototypen dazu: Lego, Knetmasse, Pfeifenputzer, Plexiglasplatten, Verkleidung und unzählige Stifte, Klebstofftuben und Scheren. Damit all diese Utensilien nicht chaotisch und unschön in der Gegend herumstehen, haben wir ein großes, begehbares Regal entworfen und von einem Tischler anfertigen lassen. Nun lässt sich unser Material gut erreichen, aber auch einfach verstecken. Da wir in unserem Loft sehr hohe Decken haben, nutzen wir auch das »Dach« des Regals. Es lässt sich über eine Trittleiter erreichen, ist ungefähr zehn Quadratmeter groß und mit Stühlen, Matratzen und Kissen ausgestattet. Hier oben ist der ideale Ort, um mittendrin und doch nicht dabei zu sein. Obwohl man im selben Raum ist, schwebt man auf dem Regal über der geschäftigen Atmosphäre in unserem Büro. Man ist akustisch und optisch – im wahrsten Sinne – enthoben.

Innerhalb kürzester Zeit stellt sich der fokussierte Tunnelblick auf die aktuelle Aufgabe ein.

Auch dieses unkollaborative Arbeiten stärkt das gemeinsame Gefühl und die Zufriedenheit bei der Arbeit. Keiner muss um 6 Uhr morgens kommen oder bis 21 Uhr bleiben, um ungestört arbeiten zu können. Neben konzentrierten Arbeitsschüben ist das Regal auch perfekt für ein kurzes Mittagsschläfchen. Nach einer Tour durch die umliegenden Kneipen erschien zwei Kollegen der Heimweg so unendlich lang, dass sie das Regal als Nachtlager bevorzugten. Aufgewacht sind sie erst am nächsten Mittag, als unter ihnen schon seit Stunden gearbeitet wurde.

Nur für eine Tätigkeit haben wir in unserem Büro noch keine ideale Lösung gefunden. Telefonieren und Skypen ist weder ruhige Einzelarbeit noch kollaborative Gruppenarbeit, sondern meistens einfach nur störend für die Kollegen. Nötig ist es trotzdem. Jasper und Monika hatten einst die geniale Idee, auf Ebay eine klassische gelbe Telefonzelle zu ersteigern. Als schalldichte Kabine ohne Münzfernsprecher, versteht sich. Als das gelbe Monstrum per Spedition geliefert und zu uns in den fünften Stock transportiert wurde, stellten wir fest, dass die Metallzelle 400 Kilo wog und einfach nicht durch die Tür passte. Die beiden haben für diese Aktion unseren internen Fail Award erhalten. Zum Telefonieren gehen wir nach wie vor in den Social Space.

WERTSCHÄTZUNG UND WERTSCHÖPFUNG

Arbeiten, um Geld zu verdienen,
oder Geld verdienen, um zu arbeiten

Frieds Freundin Susanne war kürzlich auf Jobsuche. Sie hat einen Master in Literaturwissenschaften und Berufserfahrung als Projektmanagerin in einer Kultureinrichtung. Nach anderthalb guten Jahren dort hatte sie Lust, Neues zu lernen. Ganz Generation Y, kündigte sie kurzerhand, und machte sich guter Dinge auf die Suche nach einem neuen, passenderen Job. Bei einer Agentur für neue Kommunikationskonzepte kam sie auch im zweiten Vorstellungsgespräch gut an. In der ersten Runde hatte sie eine Gehaltsvorstellung von 30 000 Euro pro Jahr für den Vollzeitjob als Konzepterin eingebracht. Der Tenor lautete: Da können wir drüber reden.

Nach erfolgreich absolviertem Recall wollte die Agentur sich in der folgenden Woche melden – rief allerdings schon am nächsten Tag an. Susanne freute sich: Wie schön, die wollen mich wirklich – jetzt geht es nur noch ums Geld. »Wir können dir (natürlich duzt man sich in einer coolen Berliner Agentur ganz kumpelhaft) leider nicht mehr als 21 000 Euro anbieten.« Selbstverständlich nur für einen Einjahresvertrag mit einem halben Jahr Probezeit. Diesen Junior-Status mit dem entsprechenden Gehalt würde sie drei Jahre behalten, bis es Aufstiegsmöglichkeiten gäbe. Susanne war einigermaßen entsetzt, da sie sich fest vorgenommen hatte, nicht für weniger als 30 000 Euro pro Jahr zu arbeiten – und sich auch sonst nicht mehr auf miserable Bedingungen einzulassen.

Sie blieb dabei, und die Agentur und sie kamen nicht zusammen. Eine halbe Stunde nach dem Telefonat rief die Agenturchefin ein weiteres Mal bei ihr an, weil sie ihr »etwas auf den Weg geben« wolle. Schließlich werde sie ja noch jede Menge Bewerbungsgespräche und vor allem auch Gehaltsverhandlungen führen müssen. Minutiös ging sie nun mit Susanne deren Lebenslauf durch (Abitur, Bachelor, Master, Auslandsaufenthalt, diverse Praktika) und rechnete ihr vor, warum sie auf keinen Fall mehr als 25 000 Euro wert sei. Susanne hörte zu, legte nach einem verdutzten »Danke« auf und fragt sich seitdem, ob ihre Gehaltsvorstellungen wirklich so überzogen sind. Sie geht unsicher in Bewerbungsgespräche und versucht, sich ganz rational gegen aufkommende Zukunftsängste zu wehren. Geht's noch?! Susanne will und muss unbedingt arbeiten, aber nicht um jeden Preis – nicht unterbezahlt und nicht für Arbeit, die nervt.

Warum arbeiten wir eigentlich? Arbeit ist doch doof. Jeden Sonntag-abend nach dem Tatort tont der Arbeitnehmer-Blues in ungehörtem Dolby Surround in den deutschen Abendhimmel: »Oh Gott, morgen muss ich wieder hin.« Aber irgendwas muss man ja machen, um sich zu ernähren, seine Miete zu bezahlen und sich Leben leisten zu können. Von nix kommt nix. Außer vielleicht man hat reiche, großzügige Eltern oder extrem niedrige Ansprüche. Den weniger Privilegierten unter uns bleibt nur der Broterwerb durch Einsatz der eigenen Synapsen. Das Arbeitsleben ist kein Ponyhof. Ach ja? Unseres irgendwie schon. Unsere Arbeit macht uns zwar auch nicht in jedem Moment Spaß, aber im Großen und Ganzen ergibt sie Sinn. Für uns ist sie weit mehr als ein Job. Wir definieren uns über unsere berufliche Tätigkeit. Und wir tun sie oft. Acht Stunden am Tag, fünf Tage die Woche. Viele sogar noch viel mehr. Wir sind, was wir tun. Wenn wir nicht mögen, was wir tun, mögen wir uns selbst nicht. Ein Kurzschluss? Ein Trugschluss? Mitnichten.

Wissensarbeit steckt anders als Handarbeit nicht mehr in den Knochen, dafür geht sie unter die Haut. Das ist toll, und das ist gefährlich. Der Grat zwischen supergeiler Arbeit und Selbstaus-beutung unter dem Deckmantel der Selbstverwirklichung ist schmal. Solange ich eine Tätigkeit nur mache, weil sie mich ernährt, kann ich mich emotional viel leichter von ihr lösen. Je mechanischer und ein-facher, desto leichter fällt mir das. Entfremdung kann auch ein Segen sein. Je mehr von »mir« jedoch in der Tätigkeit steckt, desto schwerer fällt es, nervende Aufgaben auszuüben. In der Frequenz, in der der

Anteil an Wissensarbeitern in der Gesamtbevölkerung steigt, steigt der Anteil derjenigen, die mit ihrer Arbeit verschmelzen. Das sind genau diejenigen, die von Burn-outs und Bore-outs betroffen sind. Zum einen durch die hohe Identifikation mit ihrer Tätigkeit und der hohen Leistungsbereitschaft hervorragend ausnutzbar, zum anderen hochqualifiziert, aber gelangweilt und gebremst von unfähigen Vorgesetzten und stupiden Aufgaben.

Die vielen Freelancer, die man in Großstädten in hippen Cafés antrifft, scheinen ein Symptom für eine sich ausbreitende Werteverschiebung zu sein. Sie arbeiten lieber gratis als umsonst. Sie wollen nicht schuften, ohne jemals zu merken, wofür. Sie leben lieber von der Hand in den Mund, als sich die Hände für Dinge schmutzig zu machen, an die sie nicht glauben. Ohne sicheres Einkommen, dafür mit einem unbändigen Gestaltungswillen ausgestattet, werden die Produkte, Dienstleistungen und Prozesse der Zukunft entwickelt. So entstehen innovative Apps, Cafés mit integriertem Flohmarkt, gehaltvolle Zeitschriften und immer wieder neue Konzepte der Arbeit. So entstehen jene Start-ups, deren Kultur und Output ein Großteil der mittelständischen und großen Unternehmen missen müssen. Anstatt nach Karriere suchen immer mehr junge Leute nach Sinn. Welcher Sinn das ist, bleibt dabei höchst subjektiv.

Die einen wollen die Welt retten, anderen reicht der eigene Kiez. Manche wollen vor allem spannende, fachlich herausfordernde Aufgaben bearbeiten, andere möchten etwas von ihrer Expertise weitergeben. Die einen möchten den schönsten Code der Welt programmieren, andere die untragbarsten Klamotten schneidern oder die meisten Quadratkilometer Regenwald retten. Manche wollen alles auf einmal. Verbindendes Element der Sinnarbeiter ist der Anspruch der Selbstwirksamkeit – am Ende des Tages, des Projekts oder des Dispos möchte man sehen, was man selbst beigetragen hat. Man möchte kein Rädchen im Getriebe sein und sehen, dass die eigene Tätigkeit auch anderen etwas gibt. Man möchte zu einer Idee beitragen, die der Welt etwas bringt und nicht nur einem Unternehmen.

Das Problem ist nur, dass Vermieter, Supermarktkassiererinnen und Barkeeper Sinn nicht als Zahlungsmittel akzeptieren. Geld allein macht nicht glücklich – kein Geld aber ziemlich sicher unglücklich. Viele Freelancer arbeiten, um arbeiten zu können: Sie nehmen gutbezahlte, aber uninteressante Gelegenheitsjobs an, um in der übrigen Zeit Herzensprojekte anzugehen. Diese erfüllenden Projekte werfen zwar nichts ab, erweitern aber das Netzwerk und den Horizont. Freiheit am Rande der Dummheit. Kein besonders nachhaltiges Modell.

Sinn ersetzt keine angemessene Entlohnung. Der Generation Y geht es nicht um ein entweder Sinn oder Geld, sondern um ein sowohl als auch. Wir wollen alles. Außer Hochdruck. Schließlich empfinden wir unseren Beruf gerade deshalb als so erfüllend, weil er uns Freiheiten eröffnet, anstatt uns unter Druck zu setzen. Die Wissensarbeiter der Generation Y drehen die altbekannte Situation um: Geld verdienen, um zu arbeiten, anstatt arbeiten, um Geld zu verdienen.

Antrag auf Zuwendung

Geld verdienen und Dark Horse gehörten für uns anfangs überhaupt nicht zusammen. Wir studierten noch oder arbeiteten anderswo und trafen uns, um unsere Mission zu verfolgen, Innovationen in die Welt zu bringen. Damit wir einen Ort dafür hatten, zahlte anfangs sogar jeder von uns einen kleinen monatlichen Betrag, um unser kleines, erstes Büro im Wedding zu finanzieren. Schließlich waren unsere gemeinsamen, sinngetriebenen Aktivitäten aber doch so attraktiv, dass wir sie in eine Rechtsform gossen und mutig hofften, dass Geld unserem Glück schon folgen würde. Money follows happiness, dachten wir uns und ernteten dafür viel Unverständnis. Als Christian seinen Eltern erklärte, nicht als klassischer Ingenieur

MONEY FOLLOWS
HAPPINESS.

arbeiten zu wollen, reagierten sie zunächst verständnislos. Zu der Zeit hat er in der Entwicklungsabteilung eines großen deutschen Maschinenbauers gearbeitet. Die intellektuelle Herausforderung war toll, die Kollegen supernett und die Arbeit eigentlich sehr abwechslungsreich. Aber er hat in dem halben Jahr gemerkt, dass dies kein Feld ist, in dem er wirklich sehr gut werden kann. Außerdem fehlte ihm die Arbeit mit Menschen. Und so beendete er seine Affäre mit der klassischen Arbeitswelt.

Zurück auf Anfang. Gut ausgebildet, hoch motiviert und ab ins Prekariat bei Dark Horse. Kein Unternehmen kann von heute auf morgen florieren und genug abwerfen, damit eine Meute von 30 Leuten davon leben kann. Man muss ja erst mal bekannt werden, einen Kundenstamm aufbauen und die angebotenen Produkte und Dienstleistungen polieren. Wir traten zudem mit einem gewagten Konstrukt und einer noch gewagteren Dienstleistung an: ein Haufen junger Leute, die altehrwürdigen Unternehmen erzählen wollten, wie man Produkte und Services entwickelt. Welche Hybris.

Und das Ganze auch noch komplett ohne Fremdfinanzierung, denn die hätte eine externe Beeinflussung und damit auch eine Form der Hierarchie bedeutet, was wir unbedingt vermeiden wollten. Bootstrapping heißt der hippe Fachbegriff für Start-ups, die kein externes, sondern nur solches Kapital einsetzen, das aus dem Geschäftsbetrieb generiert wird. Wie unzählige andere Gründer haben wir sehr viel Zeit, Zweifel und Zinsen in unser Herzensprojekt investiert. Viele von uns arbeiteten weiterhin woanders, um sich den Aufbau unserer Firma überhaupt leisten zu können. Das alles klappte so lange wunderbar, bis auf unserem Unternehmenskonto erste nennenswerte Summen eintrafen. Als andere Firmen tatsächlich konstant anfingen, uns für unsere Dienstleistungen zu bezahlen, fingen wir an, uns zu streiten. Plötzlich hatten wir Geld, fragten uns aber, wer »wir« waren.

In unserer Kommerzkommune ging der große Verteilungskampf los. Unsere Auftraggeber bezahlten uns zwar anständig, aber es reichte noch nicht, um uns allen ein anständiges Gehalt auszahlen zu können. Jeder, der sich vorher rein freiwillig eingebracht hatte, wies nun auf seinen Beitrag zum Unternehmenserfolg hin und verlangte seinen Anteil. Diejenigen, die all ihre Arbeitszeit in Dark Horse investiert und ihren Dispokredit ausgereizt hatten, reklamierten nun das größte Stück vom Kuchen für sich. Jene, die noch woanders arbeiteten, wiesen die Vollzeit-Gründer darauf hin, dass der Erfolg überhaupt nur durch ihren finanziellen Fremdeinsatz möglich geworden war. Da das erwirtschaftete Geld direkt an diejenigen ging, die am Projekt beteiligt gewesen waren, wurde die Besetzung von neuen Projekten zur Gretchenfrage.

Wilder Westen im Wedding. Traue keinem und sei der Schnellste im Duell. Jeder gegen jeden anstatt alle für ein Ziel. Wer für Auftraggeber Mehrwert generierte, war auch bei uns mehr wert. Unternehmerische Aufgaben, mit denen sich nicht eins zu eins Geld verdienen ließ, ließen wir konsequenterweise links liegen. Wer sich um Marketing, internes Lernen, das Schmieden unserer Unternehmenskultur kümmerte, konnte in der gleichen Zeit schließlich nicht in Projekten arbeiten oder neue an Land ziehen. Unsere schönen Prinzipien wie das Eimerprinzip oder die rotierenden Ämter drohten dem schnöden Mammon zum Opfer zu fallen. Unser gemeinsames Unternehmen drohte – bestenfalls – zu einem Netzwerk von Freelancern zu werden, in dem jeder auf den nächsten Auftrag für sich hofft. Kurzfristig kann dieses »jeder für sich« zwar funktionieren, weil es den Existenzdruck in den Mittelpunkt stellt. Langfristig schadet es aber, weil es interne Konkurrenz befeuert und allesamt hauptsächlich über Druck motiviert und inhaltliche Ziele und wünschenswerte Ergebnisse aus den Augen verloren werden. Hauptsache, die Kohle stimmt. Wir würden zwar rein formal als Organisation funktionieren, aber nicht mehr als eine Innovationsberatung, die für neue Wege des Arbeitens steht. Uns war klar: Davon müssen wir uns lösen, wenn wir langfristig zusammen erfolgreich sein wollen. Zumindest in unserem Sinne erfolgreich: glücklich, weil selbstbestimmt, und innovativ, weil trotzdem zusammen.

Was ist welche Arbeit wert?

Automatisch standen wir vor einer Reihe ungeklärter Fragen. Welche Arbeit ist uns als Unternehmen wie viel wert? Wer soll welche Arbeit erledigen? In der Freitagswelt gilt: Je mehr Verantwortung man trägt, und je höher man in der Hierarchie steht, desto mehr verdient man. Ausnahmen bestätigen die Regel: In einigen Bereichen, in denen eine extrem hohe, schwer zu ersetzende Fachkompetenz benötigt wird, bezahlen Unternehmen Fachexperten teilweise mehr als ihren Chefs, so etwa in der Bankenbranche, in der IT-Entwicklung oder auch im Spitzensport. Häufig wird ein und dieselbe Tätigkeit auch unterschiedlich vergütet, weil ein Mitarbeiter besser verhandelt hat oder die Konjunktur mal eben so war oder der Mitarbeiter eine Frau ist. Fair ist anders.

Auf uns waren weder Regeln noch Ausnahmen übertragbar. Wer keine Hierarchien hat und ausnahmslos alle Geschlechter und Fach-kompetenzen gleichwertig behandeln möchte, kann mit traditionellen Vergütungsmodellen wenig anfangen. Wir taten also, was sich bereits bewährt hatte, und schauten ein weiteres Mal auf Klöster und darauf, wie Einkommen und Arbeit dort verteilt wurden. Grundsätzlich funktioniert das so: Alle Mönche erledigen unterschiedliche externe und interne Aufgaben. Diejenigen, die damit Geld erwirtschaften, geben dies ans Kloster weiter, das sich wiederum um den Lebens-unterhalt aller kümmert. Nachdem unser Wildwestmodell gescheitert war, entschieden wir uns für einen radikalen Schnitt.

Wir beschlossen eine konsequente Amnesie und vergaßen, wer noch wie viel Geld hätte bekommen sollen. Stattdessen gingen wir zum Klostermodell über: Wir entkoppelten Projektarbeit und Entlohnung und führten ein gleich hohes Grundeinkommen für alle ein. Die Logik dahinter: Wir sind eine Firma mit 30 Co-Unternehmern. Jeder trägt nach bestem Wissen und Können sein Bestes zum Gesamterfolg bei. Inhaltlich war unser Grundeinkommen völlig ungebunden. Jeder verpflichtete sich allerdings, zwei Tage die Woche für Dark Horse zu arbeiten. Alles darüber hinaus war freiwillig. Alle sind gleich, und das Wörtchen »gleich« kann außer George Orwell niemand steigern. Dachten wir.

Das Grundeinkommen-Experiment

Unser schönes monetäres Klostermodell hatte dennoch zwei Sollbruchstellen: Bezieht man regelmäßig Geld von demselben Unternehmen, ist man rechtlich gesehen ein Angestellter. Durch unser Grundeinkommen katapultierten wir uns sofort in eine juristisch schwierige Zone. Denn um Freiberufler vor ausbeuterischen Arbeitgebern zu schützen, sind die Gesetze zur Scheinselbständigkeit knallhart. Dies ist gut und richtig so, um »feste Freie« in Unternehmen vor einer Lose-lose-Situation zu bewahren. Finanzbelastungen wie Krankenkassenbeitrag und Rentenversicherung aus der Selbständigkeit, Anwesenheitspflicht und Weisungsgebundenheit aus der Anstellung passen nicht zusammen. Wir waren jedoch von Anfang an gemeinsam-ständige Unternehmer und Unternehmerinnen und außer uns selbst und unseren Auftraggebern nichts und niemandem verpflichtet. In unserem Falle verhindern die Gesetze zur Scheinselbständigkeit ein innovatives Organisationsmodell.

Das zweite Problem des Klostermodells war hausgemacht. Durch unsere Zweitageregel koppelten wir Bezahlung an Arbeitszeit. Zuverlässig wie ein Schweizer Uhrwerk löste dieses klassische Freitagsmodell klassisches Freitagsdenken bei uns aus. Jeder beäugte misstrauisch, wie die anderen »ihre« Zeit für »unser« Unternehmen einsetzen. Jeder versuchte, sein Engagement aufzuzeigen und seine Leistung transparent zu machen. Paradoxerweise holten wir uns durch die Gleichverteilung genau jene Effekte ins Haus, die wir hatten loswerden wollen: Misstrauen, Missgunst und Missmut. Zudem hatte das Zweitagesmodell eines unserer wichtigsten Prinzipien verletzt: Individualität wertzuschätzen. So gleich, wie wir auf organisatorischer Ebene sind, so unterschiedlich sind unsere persönlichen Vorstellungen darüber, wer wie viel an was arbeiten möchte. Wir wollen unterschiedliche Lebensentwürfe ermöglichen.

Dies bedeutet auch, dass wir uns unterschiedlich behandeln müssen, wenn wir uns fair behandeln wollen. Mit gleichem Geld für alle waren wir also auch nicht glücklich und wollten schnell wieder weg vom Prinzip der Gleichmacherei. Aber wohin? Weder das neoliberale Utopia noch unser kommunistisches Kloster hatten funktioniert. Außer Idealismus nichts gewesen? Wie können Arbeit und Einkommen in einer posthierarchischen Organisation gerecht verteilt werden?

Das Thema Gerechtigkeit zieht sich durch unsere kurze, feine Historie und wird regelmäßig in Diskussionen um Verteilung von Geld und Bewertung von Arbeit als Kampfbegriff ins Feld geführt. Gerechtigkeit ist ein Evergreen in der Philosophie, in sozialtheoretischer Reflexion und in jedem Kinderzimmer. Zwei Kinder, ein Kuchen. Einer teilt ihn, der andere darf sich ein Stück aussuchen. Das ist das perfekte Prinzip der Gerechtigkeit und sollte endlich den Kinderzimmer-Friedensnobelpreis gewinnen. Doch was, wenn sich mehr als zwei streiten und das zu Teilende nicht tatsächlich in zwei Teile zu zerlegen ist?

Der Philosoph, US-Amerikaner und generelle Schlaubi Schlumpf John Rawls[28] entwarf das überaus brillante Konzept des »Urzustandes«, in dem die Mitglieder einer Gesellschaft ihre zukünftigen Gerechtigkeitsprinzipien legitimieren sollen. Der Clou dabei ist der

---

28 John Rawls: *Eine Theorie der Gerechtigkeit,* Frankfurt 1975.

»Schleier des Nichtwissens«: Wohl haben die Beteiligten Wissen und eine Vorstellung über gesellschaftliche Zusammenhänge, wirtschaftliche Interessen und Wirkmechanismen der physischen und psychischen Welt – jedoch wissen sie nicht, in welcher sozialen Position und mit welchen Talenten und welcher Intelligenz sie ausgestattet sein werden, wenn sie sich schließlich in der von ihnen entworfenen Gesellschaft wiederfinden. Das Prinzip »Einer teilt, der andere sucht aus«, das den Schleier des Nichtwissens auf die beispielhaften zwei Stück Kuchen wirft, weil der Teiler nicht weiß, welches Stück er am Ende bekommen wird, wird in Rawls' Theorie auf die schlauste Art und Weise in ein massentaugliches Prinzip überführt.

Da wir bei Dark Horse Aufgaben rotieren lassen, Projekte personell immer neu besetzen und im Vorfeld nicht abschätzen können, welches Wissen und welche Fähigkeiten in einem Projekt zum Tragen kommen werden, wagen wir zu behaupten, dass wir uns selbst immer wieder freiwillig hinter den Schleier des Nichtwissens begeben. Was aber liegt nun vor dem Schleier? Wie sieht sie aus, unsere gerechte Verteilung?

Kapitalistischer Kommunismus

Unsere Lösung ist derzeit ein Mischmodell. Zum Glück mögen wir iteratives Arbeiten: Nach einer harten Übergangsphase, viel Arbeit mit Konrad Bechler, unserem Retter in Not, wenn es um juristische Fragen geht und knifflige rechtliche Konstruktionen, sind wir heute eine GmbH & Co. KG. Als Kommanditisten sind wir alle Unternehmer und gleichberechtigt am Erfolg oder Misserfolg unseres Unternehmens beteiligt. Dafür übernimmt jeder von uns eine unternehmerische Aufgabe – wie lange wir dafür brauchen oder auf welche Art und Weise wir diese Aufgabe erledigen, bleibt dabei komplett dem Einzelnen überlassen. Wir bestimmen selbst, was und wie viel wir für unser Unternehmen tun. John Rawls' Schleier des Nichtwissens hat uns geholfen, unser Vergütungs- und Verteilungsmodell zu gestalten. Intern haben wir ihn jedoch komplett gelüftet: Jeder kann jederzeit einsehen, wie viel die anderen verdienen.

Viel zu entdecken gibt es dabei allerdings nicht, da wir alle unterschiedlichen Aufgaben komplett gleich bezahlen. Jede Arbeit ist bei uns gleichwertig. Wir wollen Raum für Experimente, Exploration und Inspiration schaffen. Das geht nur, wenn man auch solche Arbeit mitfinanziert, die nicht unmittelbar »wertschöpfend« ist. Man weiß schließlich nicht, ob möglicherweise genau diese Arbeit diejenige ist, die uns marktfähig bleiben lässt oder neue Märkte für uns erschließt.

Bei jedem Projekt fällt jedoch auch ein Teil des dadurch erwirtschafteten Geldes direkt für die Personen ab, die das Projekt durchführen. Auf diese Weise können wir alle beteiligen und denen, die sich entscheiden, mehr zu arbeiten, ein größeres Gehalt auszahlen. Gewissermaßen haben wir uns dadurch selbst eine Versicherung gebaut. Durch gemeinschaftliches Investment tauschen wir kurzfristige Gewinne gegen eine langfristige Perspektive. Niemand ist gezwungen, nur auf sich und seine nächste Mietabbuchung zu schauen, aber es muss auch keiner die Zeit bis zur nächsten Lohntüte absitzen. In relativer finanzieller Sicherheit können wir weiterhin das tun, was wir für uns und unser Unternehmen sinnvoll finden.

DIE LIEBEN FROLLEGEN

Auf gute Zusammenarbeit!

Dass man mit Freunden keine gemeinsame Firma gründen sollte, weiß ja jeder. Im statistisch wahrscheinlichen Falle des Scheiterns verliert man nämlich nicht nur seine berufliche Existenz – man verliert auch seinen Freund oder seine Freundin. Wir haben mit 30 Freunden eine Firma gegründet. Wenn schon, denn schon. Dann halt gleich 29 Freunde verlieren, ist irgendwie auch episch.

Viele Hochs und Tiefs später gibt es uns immer noch. Obwohl wir immer wieder Konflikte haben, die zu großem Frust führen können, und jeder immer wieder kleinere und größere Ungerechtigkeiten aushalten muss, hat noch niemand die Firma verklagt oder im Streit verlassen. Wir sind mehr als Kollegen und mehr als Freunde, wir sind Frollegen. Mit Freunden zu arbeiten ist ultimatives Work-Life-Blending und damit ganz im Sinne der Generation Y. Im Arbeitsleben angekommen, wollen wir uns weiterhin wohl fühlen. Wir forschen auch bei beruflichen Entscheidungen nach der emotionalen Motivation dahinter und vermuten Verbindungen zwischen Schwierigkeiten am Arbeitsplatz und privaten Problemen. Wir lieben persönliches, aufmerksames Feedback zu unserer Arbeit und unserem Verhalten, um uns weiterentwickeln zu können. Zumindest solange das Feedback aus einer positiven, dann einer negativen und dann wieder einer positiven Kritik besteht. Immer hübsch nett bleiben.

Auf der Basis der Maslow'schen Motivationstheorie entwarf der amerikanische Managementtheoretiker Douglas McGregor[29] schon in den 1960er Jahren seine X-und-Y-Theorie. Das Ende des Alphabets scheint bestens geeignet für unterschiedliche Pauschalisierungen. Gemäß der Theorie handeln Manager der X-Theorie nach dem Menschenbild des faulen, sich vor der Arbeit drückenden Angestell-

---

29 Douglas McGregor, *The Human Side of Enterprise*, New York 1960.

ten, der durch Druck und Kontrolle zu einem effizienten Mitarbeiter werden kann. Ganz im Gegensatz dazu steht der Manager, der nach der Y-Theorie handelt. Er versteht seine Mitarbeiter als motivierte, selbständig handelnde und entscheidende, kluge Individuen, denen durch kluge Führung Motivation und Richtung vorgegeben wird. Klingt vertraut, oder? Stimmt wohl: Alles schon gesagt, nur noch nicht von allen. Wir sind uns trotzdem nicht so sicher und trauen dem theoretischen, rein intrinsisch motivierten, sich eigenständig einbringenden Ypsiloner nicht so ganz über den Weg. In der Praxis gibt es nämlich neben dem Inhalt der Arbeit bei den allermeisten Tätigkeiten noch die Menschen, mit denen man sie gemeinsam – oder eben nicht – ausführt.

Zur fachlichen und methodischen Kompetenz kommt die Beziehungsebene. Diese wird in vielen traditionellen Unternehmen eher nebenher gepflegt oder dem Zufall überlassen. Einmal im Jahr geht man zum Teambuilding gemeinsam Kanufahren, und bei der Weihnachtsfeier gibt es Glühwein für alle. Ansonsten freut man sich, wenn Mitarbeiter sich gut verstehen – solange sie ihre Aufgaben noch erledigen und während der Arbeitszeit nicht zu viel Privates bequatschen.

Dass wir unsere Firma zu dreißigst und nicht nur zu dritt gegründet haben, hat uns sicherlich nicht nur operativ geholfen, sondern auch dabei, Kollegen zu werden und Freunde zu bleiben. Wenn zwei oder drei sich streiten, gibt es keinen Ausgleich, niemanden, der sich als Puffer anbietet. 30 Personen hingegen können sich gar nicht gleichzeitig zerstreiten. Es gibt immer jemanden, der nicht akut beteiligt ist, der zwar die Ausgangslage kennt und dennoch genügend Abstand hat. Der zuhören, beschwichtigen und eine andere Perspektive aufzeigen kann. Ein Schwarm hat eben nicht nur Schwarmintelligenz, sondern auch eine hohe emotionale Intelligenz. Schwarmempathie. Ein Konglomerat an Bauchgefühl. Wir haben die Prinzipen einer guten Freundschaft in unsere Organisation eingebaut: Wir teilen, was

SCHWARMEMPATHIE

wir haben, lassen aber jedem seinen Anteil. Wir geben uns Raum und ermöglichen Nähe. Unsere Kommunikation ist transparent und verbindlich. Wir treffen uns, weil wir möchten, und nicht, weil wir müssen. Wir teilen die gleichen Werte, aber nicht alle Interessen. Wir können unterschiedlicher Meinung sein und trotzdem in die gleiche Richtung gehen. Wir sind nicht alle gleich, aber gleichwertig. Unsere Organisationsweise hilft uns bei der unkontrollierten Koordination. Sie zeigt noch nicht, warum wir dauerhaft motiviert sind, uns überhaupt auf Kooperation einzulassen.

Warum nutzt niemand unserer Mitarbeiter unsere wohlwollende Gemeinschaft zu seinem individuellen Vorteil aus? Unsere Struktur ist eine notwendige, aber noch keine hinreichende Bedingung für gelingende Frollegenbeziehungen. Unsere hierarchiefreie, flexible, iterative Hardware braucht ein entsprechendes Betriebssystem, um nicht abzustürzen: Vertrauen. Als Freunde hatten wir das Glück, mit einem enormen Vertrauensvorschuss in unser unternehmerisches Abenteuer zu starten.

Schnell haben wir aber gemerkt, welch zartes Pflänzchen dieses Vertrauen ist. Vertrauen ist wie eine Orchidee: Ein bisschen altmodisch, aber irgendwie doch ganz hübsch. Man muss es hätscheln, päppeln, düngen und zu viel direktes Licht vermeiden. Ob und wann das Pflänzchen Blüten treibt, kann man nie genau wissen, aber wenn es so weit ist, zeigen sie sich filigran und kunstvoll. Weil Orchideen so verdammt anstrengend zu pflegen und so furchtbar unberechenbar sind, stehen in den meisten Büros Yuccapalmen. Nach den ersten, lauten, tränenreichen Streits unter Frollegen haben wir beschlossen, unsere Ressource Nummer eins nicht dem Zufall oder dem Glück zu überlassen, sondern uns der Orchidee anzunehmen. Einerseits natürlich, um ganz eigennützig unsere Freundschaft zu erhalten; andererseits, weil Vertrauen für uns eine ökonomische Notwendig keit ist. Um zusammen- und trotzdem flexibel arbeiten zu können, ist das Vertrauen darin, dass jeder sein Bestes gibt, essentiell. Dieses

Vertrauen zu erhalten oder mit neuen Mitarbeitern aufzubauen, ist kein Selbstläufer. Die Ressourcen, die klassische Organisationen in Kontrolle stecken, verwenden wir zur Pflege unserer Vertrauenskultur. Statt Controllingtools gibt es bei uns Vertrauensinstrumente.

Ein gar nicht mal so geheimes Geheimnis funktionierender Beziehungen ist »Quality Time«: Bewusst miteinander verbrachte Zeit, in der man dem anderen ungeteilte Aufmerksamkeit schenkt. Zeit, in der es nicht darum geht, etwas zu erledigen, Ziele zu erreichen oder Probleme zu lösen, sondern Zeit, die den Grundstein dafür legt, dass man überhaupt fähig und bereit ist, all das zu tun. Zeit ohne Performancedruck, Zeit, um albern, schwach oder einfach mal unentschlossen zu sein. Gängige Quality-Time-Strategien sind Sonntagnachmittage am See, gemeinsames Kochen, Spazierengehen oder ausgedehnte Barabende. Weil wir aber schlecht im Wasser arbeiten oder morgens schon trinken können, haben wir gemeinsames Spielen in unseren Arbeitsalltag eingebaut.Spiele haben feste Regeln und schulen einen gerade deswegen darin, verschiedene Gedankensysteme kennenzulernen. Spiele lehren Frustrationstoleranz durch lustvolles Scheitern. Wer ernsthaft spielt, muss sich darauf konzentrieren und kann nebenher nicht multi-tasken. Gewinnen oder verlieren kann man beim Spielen immer nur kontextimmanent. Wer beim Mensch ärgere Dich nicht oder beim Fußball die anderen schlägt, kann daraus keine Vorteile für andere Lebens- und Arbeitsbereiche ziehen. Außer man spielt in der Nationalmannschaft. Profisport ausgenommen ist Spielen immer Selbstzweck. Und damit bestens als Vertrauensschulung geeignet. Auch unsere Arbeit ist uns viel zu wichtig, um sie immer ernst zu nehmen.

In guten wie in schlechten Zeiten

Miteinander durch dick und dünn zu gehen ist ein weiteres Element einer guten Freundschaft. Gute Freunde erzählen sich von ihren Ängsten und Zweifeln und sind stets zur Stelle, wenn es die Höhepunkte zu besprechen gilt. Wir beenden jedes unserer Entscheidungsmeetings mit dem festen Agendapunkt »Highlights der Woche«. Jeder teilt seine besten Erlebnisse oder Erkenntnisse der vergangenen Woche mit den anderen. Das können berufliche, aber auch private Dinge sein, gerne banal, Hauptsache toll. Diemuts neuer Neffe wurde geboren, Greta fand den Whisky Sour in der kleinen Bar in Neukölln besonders lecker (nur der letzte war schlecht) und Ludwig hat ein Projekt mit Freudentränen in den Augen des Auftraggebers zum Abschluss gebracht.

Da wir im Jour Fixe strategische Entscheidungen treffen, ist dies auch der Ort für Streit, ganz grundsätzliche Fragen und Wertekonflikte. Wenn jeder anschließend von sich persönlich erzählt, ist danach trotzdem immer gute Stimmung. Gerade nach intensiven Teamphasen hilft uns die Rück- und Rausbesinnung. So weit, so gut – aber was, wenn's mal nicht so gut läuft? In der Freitagswelt scheint dieser Fall höchst selten aufzutreten: Arbeitnehmer sind gut beraten, ihr Projekt im bestmöglichen Licht darzustellen. Es geht um Aufmerksamkeit – neudeutsch visibility – für die eigenen Erfolge, um Selbstdarstellung und Positionierung, um Leistung und Performance. Scheitern ist nicht vorgesehen, was zählt, ist nur das absolute Ergebnis. Auch bei uns zählt natürlich das Ergebnis. Um Wertschätzung und Ergebnisfokus für nichtverwendete Ideen unter einen Hut zu bringen, haben wir zum Beispiel eine kleine »Kill your Darling«-Zeremonie entwickelt. Gemeinsam tragen wir Ideen, die sich in der Gruppe oder im Nutzertest nicht durchsetzen konnten, zu Grabe. Der größte Fan der Idee darf eine kleine Ansprache halten und noch einmal betonen, wie gut er sie fand. Schließlich wird die Idee feierlich zerstört und ist damit für immer von uns gegangen.

Für einen guten Umgang mit Fehlern haben wir ein weiteres Format der Zeremonie entwickelt: Etwa einmal im Quartal verleihen wir unseren internen Fail Award an den- oder diejenigen, die in letzter Zeit den größten Bock geschossen haben. Für den begehrten Wanderpokal kann man sich nur selbst nominieren und nur für Vergehen, die man für und mit Dark Horse verbrochen hat. Um diesen Preis zu gewinnen, muss man sich schon etwas Größeres geleistet haben, zweimal zu spät kommen reicht nicht.

Den allerersten Fail Award haben wir verliehen, als wir gerade ein frischgebackenes Unternehmen waren und die Projekte aufregend wurden. Wir hatten zum ersten Mal die leise Vermutung, dass wir neben Glück mit Dark Horse auch noch Geld verdienen könnten und waren entsprechend aufgeregt, als uns eine Projektanfrage ins Haus flatterte. Eines schönen Tages fragte ein großer Konzern nach einem Angebot für ein relativ umfangreiches Projekt. Uns war klar: Wenn wir die wirklich überzeugen, dann können Folgeprojekte kommen. Über das Angebot wurde akribisch nachgedacht, es wurden Zahlen jongliert und auf eine sehr schöne Gestaltung geachtet. Erst als wir lange nichts von dem Konzern hörten und zum wiederholten Male unser stolzes Angebot durchlasen, bemerkten wir, dass gleich auf der ersten Seite der Firmenname des Kunden in fetten Druckbuchstaben völlig falsch geschrieben war. Ob es daran lag, dass wir nie wieder von der Firma hörten, wissen wir bis heute nicht. Für uns war dieser Schnitzer Anlass, unseren Fail Award und eine bessere Rechtschreibkontrolle zu etablieren. Wenn wir im Arbeitsalltag Fehler machen, fühlen wir uns schuldig, doch wir schämen uns nicht. Wir erzählen den anderen von unseren Fehlern, bekommen je nach Schwere des Vergehens ein bisschen Ärger ab, dann ein Schulterklopfen und immer Verständnis. Wer sich schämt, bezieht den Fehler auf sich als Person, wer sich schuldig fühlt auf sein Handeln. Und Handlungen lassen sich erklären, hinterfragen und ändern. Die schonungslose Offenlegung unserer individuellen Fehler hilft uns als Organisation dabei, Wiederholungen zu vermeiden. Wir wollen eine Arbeitskultur, in der wir lieber um Verzeihung, als um Erlaubnis fragen. Geteilte Einsichten ermöglichen doppelte Lerneffekte.

Mit der Generation Y und ihrer Vorliebe für vernetzte, informelle Kommunikation jenseits traditioneller Life- und Work-Grenzen entsteht eine ansatzweise holistische Präsenz der Mitarbeiter. Der menschliche Mensch wird auch im Arbeitsleben sichtbar. Mit all seinen schrulligen Schwächen, verrückten Vorlieben und persönlichen Peinlichkeiten. Auf dem Nachbarplatz im Büro sitzt nicht mehr nur der Job-Mensch, der alles hinbekommt und Fehler verheimlicht, sondern auch der, der gerne Schlager hört und die Weltmeisterschaft im Kronkorken-Turmbauen gewonnen hat.

Früher war die Sichtbarkeit von Schwächen den Freunden vorbehalten und die Präsentation von Stärke den Mitarbeitern und Chefs. Wenn sich das nun vermischt, muss unbedingt ein Vertrauensverhältnis gepflegt werden. Es braucht Zutrauen und Zuversicht und Kooperation anstelle von Konkurrenz und Ellenbogenmentalität. Mit Work-Life-Blending ist nicht gemeint, dass Arbeit und Privates komplett verschmelzen, sondern dass die arbeitende Person als ganzer Mensch mit Privatleben gesehen wird und diesem mit Interesse und Respekt begegnet wird. Unser Wunsch nach Wohlfühlarbeit darf nicht mit einem Orwell'schen Zwang zur verordneten guten Laune missverstanden werden. Auch nicht mit einem oberflächlichen »Feelgood« durch Kicker und Kaffee für umme. Wir wollen Anerkennung, statt Schulterklopfen. Wir wollen ernst genommen werden, aber nicht alles immer gleich ernst nehmen. Wir wollen uns nicht immer zusammenreißen, aber zusammen richtig viel reißen.

NEUE ARBEITSVERHÄLTNISSE BRAUCHT DAS LAND

Jetzt aber mal wirklich

Berlin im Jahr 2014 wird gern als spätkapitalistisches Nimmerland belächelt: Arm, aber immerhin auf eine eher dreckige Art sexy. Wunderbar zum Geld ausgeben, aber Geld verdient wird woanders. Wochenende für Wochenende besucht vom partyhungrigen Esay-Jet-Set, auf der Suche nach Techno, Tanzen und einer Auszeit vom Alltag. Besiedelt von Heerschaaren von Hipstern, die nachmittags in Cafés frühstücken, in Co-Working Spaces abhängen und »Projekte« machen. Eine ganze Stadt voller Menschen, die nicht erwachsen werden wollen.

Mag sein, dass auch wir eines Morgens in dieser Stadt aufwachen und feststellen, dass unsere schöne, neue Arbeitswelt nur ein Traum war. Bis es so weit ist, wagen wir jedoch zu hoffen: darauf, dass nicht wir uns den Strukturen der jetzigen Arbeitswelt anpassen müssen, sondern dass sich die Arbeitswelt wandelt; darauf, dass Personalabteilungen erkennen, dass wir keine Auszeit vom Alltag suchen, sondern einen neuen Alltag; darauf, dass durchdringt, dass Wertschöpfung im digitalen Zeitalter vor allem mit Kreativität, Wissen und dessen Vernetzung zu tun hat.

Wenn erwachsen werden bedeutet, uns der Realität zu fügen und endlich einzusehen, dass wir nun mal nicht alles haben können, wollen wir in der Tat nicht erwachsen werden. Erwachsen im Sinne von wachsen, Verantwortung für die eigene Zukunft übernehmen und Handlungsoptionen gestalten dagegen – immer her damit, wir sind schon mittendrin. Dass Berlin für so viele junge und »junggebliebene« Besucher und Da-Bleiber so sexy ist, liegt nicht nur an billigen Drinks und Hostelbetten. Viele Menschen spüren, welches Potential in dem immer noch Unfertigen dieser Stadt steckt. Wo sich vor weniger als dreißig Jahren noch eine in Beton gegossene, tödliche Mauer zwischen scheinbaren Gegensätzen entlangzog, macht sich heute eine Arbeitsavantgarde daran, die Widersprüche der Arbeits-

welt zu überwinden. Irgendwann zwischen Wende und Weltwirt-
schaftskrise hat eine notorisch verpeilte Stadt voller Brachland,
Nischen und Langschläfern das geschäftige, nie schlafende New York
mit seinen hohen und hochglänzenden Bürotürmen als Sehnsuchts-
ort abgelöst.

Der mediale Zirkus, der derzeit um Berlin und seine Gründerszene
gemacht wird, spiegelt sicherlich auch die Orientierungslosigkeit
in weiten Teilen der Arbeitswelt im Rest der Republik wider. Das
heutige Berlin ist mindestens genauso viel Symbol wie Stadt – freies
Experimentierfeld und Hort für alles Extreme, zementierter Zeitgeist.
In diesem Hype steckt natürlich auch die größte Gefahr für die Stadt
selbst und die Formen der neuen Arbeit, die derzeit hier ausprobiert
werden. Allzu leicht lässt sich all dies als spätpubertäre Widerspens-
tigkeit abtun, die sich früher oder später auswachsen wird, wenn die
Stadt und ihre Verrückten sich die Hörner abgestoßen haben. Wir
waren alle mal jung, denen werden die Flausen schon früh genug
vergehen.

Die ungeheure Selbstbespiegelung, Selbstbeweihräucherung und
Selbstgefälligkeit der kreativen Berliner Klasse liefert den Kritikern
Steilvorlage um Steilvorlage, sie als reine Irrealwirtschaft abzutun.
Wer die geistige Provinzialität aller anderen belächelt, braucht sich
nicht zu wundern, von allen anderen belächelt zu werden. Statt zur
wachsenden Arroganz und Abschottung könnte die viele Aufmerksamkeit für neue Arbeitsformen auch als Katalysator genutzt werden,
um zu zeigen, dass hier eben keine Spinner am Werk sind.

Die Hipster von heute sind die Normalos von morgen – das gilt für
Mode und Musik und hoffentlich auch für die Arbeitswelt. Denn
natürlich probieren auch heute schon in unzähligen Kreativzellen
zwischen Flensburg und Garmisch-Partenkirchen Wissensarbeiter
unbeachtet vom überdrehten Diskurs neue Formen des Lebens und
Arbeitens aus. Mit dem Wandel der Arbeitswelt ist es ein wenig

so wie mit der derzeit in Berlin ebenfalls vieldiskutierten Gentrifizierung, jenem Phänomen, bei dem junge Kreative in heruntergekommene Stadtteile ziehen, diese aufwerten, dabei aber einen Teil der Alteingesessenen vertreiben. Auch Teilen der Arbeitswelt würde eine umfassende Sanierung guttun. Ähnlich wie in den umkämpften Stadtteilen gibt es aber auch in der Arbeitswelt viele argwöhnische Bewahrer, die bei jeder Party gleich die Polizei rufen und vergessen haben, dass sie selbst mal jung und neu in der Stadt waren. Menschen, die neugepflanzte Blumenbeete in ihrer Straße nicht genießen können, sondern gleich Vertreibung wittern. Auf der anderen Seite stehen die Zugezogenen, die bei jeder Party die Musik bis zum Anschlag aufdrehen und alle, die vor ihnen da waren, als ewiggestrig ansehen. Alt gegen Neu. Dabei sind weder der Wandel von Stadtteilen noch der Wandel der Arbeitswelt Dinge, die man einfach so hinnehmen muss. Wandel lässt sich gestalten. Es geht darum, Existierendes mit neuen Einflüssen zu verbinden und Freiräume für Nachrückende zu schaffen, ohne Bestehende zu zerstören. Es geht darum, Ungleiches nicht mit Unmöglichem gleichzusetzen. Es geht darum, »anders« als wertfreien Begriff zu sehen. Es geht um Kooperation statt um Kampf.

Die Forderungen, die die Generation Y derzeit in den Arbeitsmarkt trägt, werden von vielen Personalverantwortlichen und Abteilungsleitern als Affront empfunden. Die Jungen fragen schon im Vorstellungsgespräch nach Auszeiten, Homeoffice und Weiterbildungen. Sie sind ungeduldig, renitent, bequem und schnell gelangweilt. Gleichzeitig werden die Arbeitsplätze, die derzeit zur Verfügung stehen, von vielen aus der Generation Y als Zumutung empfunden: Konzerne und Mittelständler bieten null Flexibilität, Verantwortung erst auf der x-ten Karrierestufe, und der eigene Beitrag zum Großen Ganzen geht zwischen Großraumbüro und Bürokratie verloren. Als Freelancer könnten die Jungen zwar außerhalb solcher limitierenden Strukturen arbeiten, allerdings auch außerhalb von Strukturen, die Vorteile schaffen. Wer alles selber machen muss, dem bleibt weniger

Zeit, das zu tun, was zählt. Jeder ist seines Unglücks Schmied. Wenn alle Beteiligten unzufrieden sind, bietet es sich im Normalfall an, nach neuen Lösungsmöglichkeiten zu suchen.

Und genau das tun die Human-Ressources-Abteilungen quer durch die Republik natürlich auch. Allerdings bleiben sie dabei oft auf halber Strecke stehen: Personalabteilungen machen sich Gedanken darüber, wie sich neue Mitarbeiter ins Unternehmen »integrieren« lassen, anstatt sich zu fragen, wie sich das Unternehmen an die neuen Mitarbeiter anpassen kann. Konzerne kämpfen um Talente und um die »besten« Köpfe, anstatt auf diejenigen mit dem größten Herzblut zuzugehen und darauf zu vertrauen, dass Expertise von Motivation kommt und nicht andersrum. Abteilungsleiter geben jungen Mitarbeitern immer schneller immer schönere Titel, anstatt ihnen von Anfang an Verantwortung zu überlassen. Büros werden umgestaltet, aber in den Köpfen bleibt alles beim Alten. Es kann nicht darum gehen, Arbeit für junge Menschen ein wenig erträglicher zu machen. Es muss darum gehen, die Ursachen der Unzufriedenheit zu bekämpfen.

Andererseits sind eben auch die sogenannten Young Professionals gefragt, sich professionell einzubringen. Nur motzen hat noch nie etwas geändert. Wenn die Generation Y nicht mehr in den alten Strukturen leiden will, muss sie eben verdammt noch mal selbst anfangen, die Arbeit zu überarbeiten. Das ist anstrengend und wird nicht von heute auf morgen gehen. Aber ohne geht es morgen eben auch nicht mehr.

Rückblickend in einem Buch zusammengefasst, erscheinen viele nächste Schritte geradezu zwingend. In Wirklichkeit stecken hinter einem funktionierenden Ansatz unzählige gescheiterte Versuche, Diskussionen und so manche Träne. Von nichts kommt nichts – ausnahmsweise mal ein Prinzip, das sich vermutlich nie ändern wird. Der Teil der Generation Y, der in der privilegierten, günstigen Lage ist, gut ausgebildet und damit rar zu sein, ist auch in der Verantwortung, sich an die Arbeit zu machen.

Das Gespenst des Fachkräftemangels, das derzeit in Deutschland umgeht, könnte der Generation Y dabei helfen, ihre Ideen von guter Arbeit durchzusetzen. Allerdings haben andere Erdteile auch schlaue Söhne und Töchter und ganz andere demographische Herausforderungen. Viele Länder wissen überhaupt nicht, wohin mit ihren jungen Menschen, und werden hoffentlich eher früher als später auf die Idee kommen, sich nicht für immer vom alten, überalterten Europa für dumm verkaufen zu lassen. Auch bis dahin darf der Wandel der Arbeitswelt nicht auf den Schultern derjenigen ausgetragen werden, die sich nicht aussuchen können, womit sie ihren Lebensunterhalt verdienen.

Er kann nur gelingen, wenn nicht jeder nur an sich denkt. Entrepreneure – sozial oder normal – sind die John Lennons unserer Generation. Sie werden bewundert – aber aus völlig anderen Gründen als der nackte Friedensbarde mit der Schwäche für ebenso nackte Musen. Der Entrepreneur ist erfolgreich, fleißig und verwirklicht vor allem sich selbst. Kein Wunder, dass es einen regelrechten Hype um die Gründung von Start-ups gibt. Dabei lockt manche das große Geld, den meisten geht es aber um Selbstverwirklichung, Gestaltung und darum, einen »Impact« in der Welt zu haben. Unsere Luxusgesellschaft macht sich daran, die oberste Stufe der Maslow'schen Bedürfnispyramide zu erklimmen – dabei sollten wir allerdings diejenigen, die sich diesen Aufstieg nicht leisten können, nicht vergessen. Laut Hannah Arendt[30] kann eine Revolution nur dann gelingen, wenn Wandel möglich ist, wenn die »Macht auf der Straße liegt«. Durch den demographischen Wandel ist dies der Fall. Verfolgt man den Gedanken der Philosophin weiter, so wird eine Revolution erst dann zur Revolution, wenn die Verwirklichung gemeinsamer Ziele und

---

30 Hannah Arendt: *Über die Revolution*, München 1994 [1963], S. 59.

nicht die bloße Selbstverwirklichung im Fokus steht. Wir gehen für unsere Revolution nicht auf die Straße, sondern zur Arbeit. Das mag man spießig und langweilig finden, aber vielleicht bewegt das Tag für Tag mehr, als einmal im Jahr auf eine Demonstration zu gehen, die man in der Großstadt kaum bemerkt.

Machen wir uns an die Arbeit

Der viel gewichtigere Grund, warum sich große Unternehmen auf die unverschämten Forderungen einer kleinen Generation einlassen sollten, ist, dass innovative Ergebnisse sich nicht länger von innovativer Arbeit abkoppeln lassen. Erst wenn aus Veränderungsdruck Innovationslust wird, kann der Wandel der Arbeitswelt nachhaltig gelingen. Unternehmen müssen anfangen, ein Klima zu schaffen, in dem das Neue nicht länger als Bedrohung gilt.

Innovation genießt bei heutigen Entscheidern einen ähnlichen Status wie Hundewelpen. Man kann sie gar nicht nicht gut finden. Aber ins eigene Haus holen will man sie dann doch nicht. Die viele Arbeit und wer weiß, wie groß sie mal werden. Es wird Zeit, dass Verantwortliche in Unternehmen sich Zeit für echte Innovationen nehmen, anstatt lediglich darüber zu reden. Der digitale Wandel ändert das Verhältnis zwischen Unternehmen und Konsumenten radikal. Authentizität wird durch den direkten Kontakt zwischen Mensch und Marke zur wichtigen Ressource. Einfach den eingeschlagenen Weg weiterzuverfolgen, ist eine Sackgasse. Wer weitermacht wie bisher, wird bald nichts mehr zu tun haben. Mit digitalem Wandel ist nicht gemeint, Produkte nun auch übers Internet zu vertreiben oder eine unternehmenseigene Facebook-Seite zu betreiben. Auch Produkt- und Serviceinnovationen sind zwar unbedingt nötig, reichen aber noch nicht aus. Unternehmen, die erfolgreich bleiben wollen, müssen sich fragen, welche neuen Geschäftsfelder sie in Zukunft erschließen können.

Viele große Unternehmen leisten sich aktuell sogenannte Accelerators und Inkubatoren – die meisten natürlich im hippen Berlin. In Accelerators – Beschleuniger – und Inkubatoren – Brutkästen – stellen Konzerne Start-ups Ressourcen zur Verfügung, um ihre Ideen umzusetzen. Junge Gründer bekommen Räume, Expertise, Kontakte und teilweise auch Budget gestellt, um ihre Geschäftsidee zu entwickeln. Ein mutiger, wichtiger, leidlich gut funktionierender Schritt.

Allerdings können diese Satelliten, die abgekoppelt ums Mutterunternehmen kreisen, eben nur ein erster Schritt bleiben. Anstatt sich nur für die Ideen aus den Accelerators und Inkubatoren zu interessieren, sollten die Konzerne sich fragen wie die jungen Menschen dort überhaupt darauf kommen. Und noch viel wichtiger: warum. Die Unternehmen, die sich nicht nur dafür interessieren, was hinten aus den Start-ups rauskommt, sondern auch dafür, wie das Neue eigentlich entsteht und warum so viele junge Menschen so gerne daran beteiligt sind, werden langfristig erfolgreich bleiben. Unternehmen müssen sich trauen, ihre Organisation an sich neu zu gestalten. Und damit ist eben nicht gemeint, hier und da ein bisschen rumzuschrauben, vielleicht eine neue Kategorie im Intranet einzuführen, einen jährlichen Innovationstag auszurufen oder Coffee Corners einzurichten. All dies ist gut und richtig, aber nur ein Anfang.

Wenn wir wollen, dass Innovation mehr ist als die tausendste neue App, müssen wir das erneuern, was wirklich zählt: Die Strukturen, in denen wir arbeiten. Wer neue Erfindungen möchte, muss sich auch auf eine Neuerfindung der Arbeitswelt einlassen. Unternehmen müssen sich selbst auf die Probe stellen und sich auch die unangenehmen Fragen stellen: Wen betrachten wir eigentlich alles als Mitarbeiter? Wie kommen unsere Leute an ihre Aufgaben, und entspricht dies wirklich immer ihren Fähigkeiten und Wünschen? Welchen Gestaltungsspielraum geben wir Angestellten? Welche Rechte und Pflichten haben wir als Arbeitgeber? Wann, wo und wie arbeiten und kommunizieren wir? Welche Anreize setzen wir, und wie motivierend sind diese wirklich? Und wer entscheidet das alles eigentlich? Und wie?

Bei Dark Horse haben wir auf einige dieser Fragen überraschende Antworten gefunden. Antworten, die für uns mal besser, mal schlechter funktionieren. Die Betonung liegt auf »für uns« – unsere Ideen sind kein Rezept, das sich eins zu eins auf andere Kontexte übertragen lässt. Ähnlich wie wir experimentieren viele kleine Firmen momentan mit neuen Organisationsformen. Dabei gibt es sicherlich einige Überschneidungen, Ähnlichkeiten und »best practices«, letztlich muss aber jede Organisation sich selbst auf den Weg machen. Dieser Weg wird kein leichter sein, aber ein lohnender. Unternehmens- und Innovationskultur ist zu wichtig, um sie dem Zufall zu überlassen. Die Revolution der Arbeitswelt kommt nicht mit einem großen Knall, sondern schleichend und in Wellen. Vieles von dem, was wir ausprobieren, wird vermutlich scheitern, manches wird sich vielleicht nach und nach verbreiten, einiges ist schon heute erprobtermaßen auf andere, auch große Organisationen übertragbar. Wenn große Organisationen den Wandel schaffen, ist Großes möglich.

Die letzte übergreifende Organisationsinnovation war das arbeitsteilige Managementmodell nach Frederick Taylor. Vor ungefähr 100 Jahren beschleunigte es die Industrialisierung. Heute sind wir in einer ganz ähnlichen Situation wie damals. Die ersten Staubwolken der Transformationen – damals, der industriellen, heute der digitalen – haben sich gelegt.

Es ist an der Zeit, innezuhalten und zu überlegen, wie wir das Neue, das da über uns gekommen ist, so nutzen und gestalten können, dass es sein volles Potential entfalten kann. Es geht um nichts weniger als um eine neue Haltung. Die Wirtschaftswelt kann sich nicht länger rein um das Thema Effizienz drehen und sich fragen, wie mit weniger Mitteleinsatz trotzdem immer mehr produziert werden kann. Die Grenzen des Wachstums sind längst erreicht, sowohl für unseren Planeten als auch für viele Konsumenten. Immer mehr Menschen wollen immer weniger besitzen. Ein Großteil der deutschen Bevölkerung lebt schon so lange im Überfluss, dass wir die Dinge zum Anfassen mit weniger Bedeutung aufladen. Stattdessen wollen wir Verfügbarkeit und was erleben. Weil Nutzen das neue Kaufen ist, reden zur Zeit alle so begeistert von der so genannten Shareconomy. Das Risikokapital fließt in neue Apps, mit denen Nutzer Häuser, Autos, Werkzeug, Musik und manchmal sogar Toiletten mit einer Community teilen. Mal mit einem Mini durch die Stadt cruisen, mal in einer schicken Stadtwohnung in Barcelona ein Wochenende verbringen oder in der coolsten Gegend der Stadt einen Arbeitsplatz nutzen. Damit geht mitnichten die Wichtigkeit von Status verloren – es gibt vielmehr eine Verschiebung von Status durch Besitz hin zu einem Wissens- und Handlungsstatus. Wer hat welchen Song als Erstes gehört? Wer kennt die versteckten Locations in der Stadt? Wer arbeitet an einem Projekt, das die Welt ein Stückchen hübscher macht?

Hier wird angegeben, sich geschmückt, und Identitäten werden verworfen und gebildet. Hier wird deutlich, dass es beim Sharing neben der eingekauften Befriedigung von Bedürfnissen vor allem auf etwas anderes ankommt: Auf das Gefühl, Teil einer Gemeinschaft zu sein. So richtig spannend wird teilen erst bei immateriellen Gütern. Teilt man Besitz, haben alle ein bisschen weniger oder zumindest zur gleichen Zeit nicht alle etwas. Teilt man Wissen, haben alle ein bisschen mehr. Teilen findet hier dann natürlich noch in einer anderen Form statt. Als Mitteilen. Ohne dass die Welt davon weiß, ist der ganze gesharte Status kein Erlebnis. So teilen wir fleißig das »Erlebnis« als Food-Porn, als Geo-Location oder Status-Update.

Mit diesem Selbstverständnis begegnen wir auch arbeitsbezogenem Wissen. Das Mitteilen von Wissen wird zur eigentlichen Shareconomy, wenn man zunehmend mit Wissen und dem Management desselben Geld erwirtschaftet. Die neue Shareconomy ist mehr als eine Nebenwirkung der Digitalisierung. Sie ist ein Symptom für einen tiefgehenden Wertewandel: Kapital kommt heute auch von Sozialkapital. Reputation wird durch die Anerkennung des eigenen Netzwerks verliehen, nicht durch Institutionen. Äußere Marker wie Titel, Dienstwagen oder Krawatten und Kostümchen verlieren zunehmend an Bedeutung. Im Gegenteil – galt unkonventionelle Kleiderwahl früher als Zeichen für Nachlässigkeit und wurde allenfalls bei kauzigen Wissenschaftlern und Nerds geduldet, ist Lockerheit auch bei den Klamotten heute ein Beweis dafür, dass man sie sich leisten kann. Der moderne Wissensarbeiter trägt eher Kapuzenpulli als Krawatte.

Statt um Effizienz muss es heute um Relevanz gehen. Fragen kann man durch Wissen beantworten, das man sammeln und heute leichter denn je nutzen kann. Weisheit jedoch besteht nicht darin, die richtigen Lösungen zu finden, sondern die wichtigen Probleme. Weisheit kann man nicht erzwingen, aber man kann ihr durchaus Raum geben. Anstatt immer neue Antworten auf alte Fragen zu suchen, müssen sich Organisationen die Frage gefallen lassen, ob sie überhaupt noch die richtigen Fragen beantworten. Oder ob es überhaupt noch um Antworten geht. Und nicht vielleicht darum, offene Fragen, Unsicherheit und Ambivalenten aushalten zu können. Sicherheit kann nicht länger durch die Ordnung der chaotischen Welt hergestellt werden, sondern nur durch die mutige, optimistische Bejahung von Komplexität. Design Thinking kann Organisationen helfen, Komplexität handhabbar zu machen. Allerdings nur, wenn es nicht als reine Dekoration verstanden wird, sondern sich als Designifizierung durch alle Bereiche zieht. Mit altem Denken in neuen Worthülsen ist niemandem geholfen – es gibt kein richtiges Arbeitsleben im falschen.

Designifizierung meint keinen neuen Managementtrend, sondern einen gesellschaftlichen Wertewandel, der von der Generation Y nun auch in die Arbeitswelt getragen wird. Designifizierung darf dabei

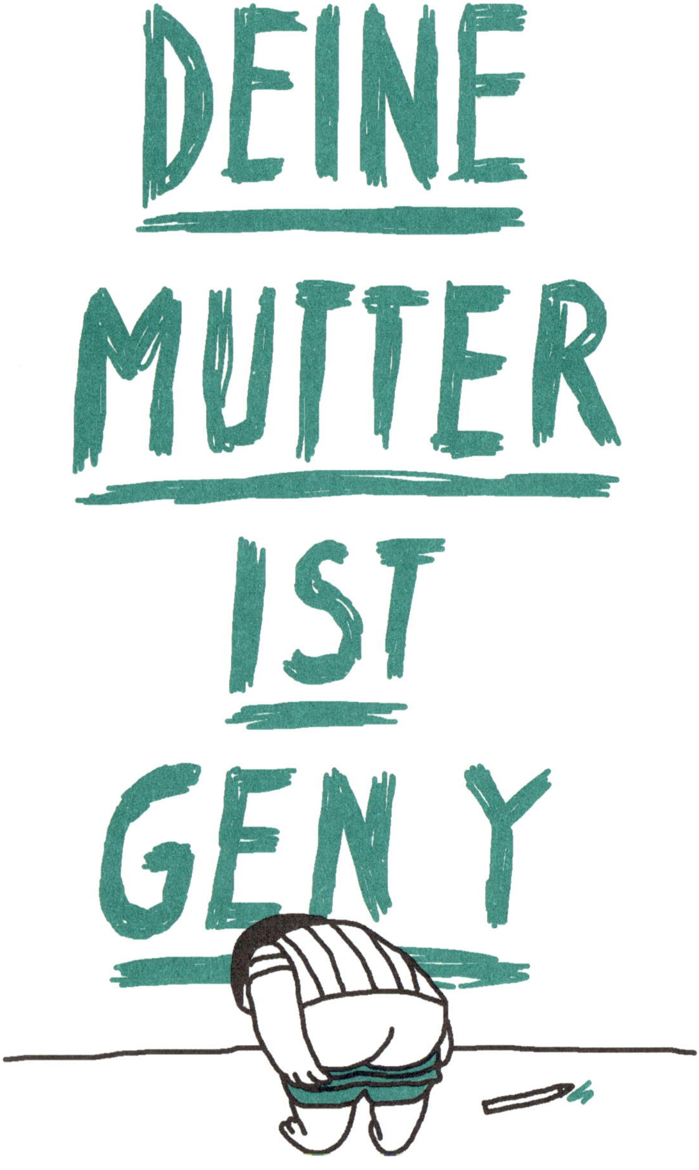
DEINE
MUTTER
IST
GEN Y

nicht als Antidemokratisierung missverstanden werden. Die Lösung drängender, komplexer Probleme kann und darf allein nicht selbstermächtigten »social innovators« überlassen werden. Das bedeutet nicht, dass Designifizierung nicht auch bestens geeignet wäre, um viele soziale Probleme anzugehen, ganz im Gegenteil. Gerade weil Designifizierung auch im sozialen und gesellschaftlichen Bereich so viel ausrichten kann, ist es unerlässlich, dass die Gestalter des Wandels gesellschaftlich legitimiert sind und die Öffentlichkeit sich an der Debatte über wünschbare Ziele und Mittel beteiligen kann. Innovation ist kein Selbstzweck, sondern die Synthese aus Wunschbarkeit und Machbarkeit.

Deine Mutter ist Gen Y

Unternehmen, die den Arbeitswandel ernst nehmen möchten, könnten damit anfangen, auf die verrückte Generation Y zu hören. Junge Wissensarbeiter haben nicht auf alles sofort eine Antwort, aber große Lust, gemeinsam und flexibel danach zu suchen und etwas in der Welt zu bewegen. Neue Arbeit ist kein Geschenk der Arbeitgeber an ihre Arbeitnehmer, sondern eines der Arbeitnehmer an die Arbeitgeber. Gerade Mittelständler mit ihrer familiären Atmosphäre und Konzerne mit ihren unterschiedlichen Abteilungen und Menschen sind in einer guten Ausgangsposition, um der Generation Y zu bieten, was sie möchte: Sicherheit und gleichzeitig Vielseitigkeit. Selbstwirksamkeit und Teamarbeit. Verantwortung, aber keinen durchgängigen Druck. Authentizität und Weiterentwicklung. Sinnvolle Arbeit und ein erfülltes Leben. Klingt gar nicht mal so übel, oder?

Nachdem wir ein ganzes Buch mit Polemiken über das Wesen der Generation Y gefüllt haben, müssen wir am Ende die Katze aus dem Sack lassen: Wir glauben gar nicht an verallgemeinernde Aussagen über ganze Alterskohorten. Wir glauben nicht daran, dass Menschen jenseits der 30 von einem anderen Stern kommen und anders fühlen und denken als wir. Wir glauben stattdessen an menschliche Bedürfnisse und sind zutiefst überzeugt davon, dass die Werte der Generation Y auch für ältere Semester attraktiv sind. Der Wunsch nach guter Arbeit und gutem Leben ist keine Frage des Geburtsjahrs, und die Zutaten dafür haben sich auch nicht wesentlich geändert: Es geht darum, seine begrenzte Lebenszeit mit subjektiv bedeutenden Aufgaben und Menschen zu verbringen. Es geht darum, zuversichtlich in die eigene Zukunft blicken zu können und sein Umfeld positiv zu beeinflussen. Es geht darum, von Bedeutung zu sein. Der Wunsch danach ist universell, aber die Bedingungen, unter denen dies möglich ist, ändern sich tatsächlich mit dem Einzug der Generation Y in die Arbeitswelt.

In der langsam bröckelnden Freitagswelt konnte man nur mittels Macht Einfluss haben. Je weiter oben auf der Karriereleiter man stand, umso sicherer konnte man sich seines Jobs sein, umso mehr Gestaltungsspielraum hatte man und umso mehr Privilegien. Hinter dem alten Wunsch nach »Karriere« stehen die gleichen Bedürfnisse wie hinter den neuen Wünschen nach flachen Hierarchien und sofortigem Sinn. Die Generation Y hat lediglich keine Lust mehr, das, was wirklich zählt, auf später zu verschieben. Schluss mit der Lebensprokrastination: Verändern wir die Arbeit, bevor sie eine Chance hat, uns zu verändern. Es ist Zeit für einen humanen Kapitalismus, in dem Mitarbeiter nicht als Humankapital angesehen werden, sondern als Menschen. Die Arbeit ist im 20. Jahrhundert hängengeblieben, es ist Zeit für ein Update. Dark Horse ist eine Wette auf die Werte der Generation Y. Gewinnen können wir diese Wette nur gemeinsam.